사진기법을 적용한 공간디자인의
기초조형교육

전희성 지음

BM 성안당
www.cyber.co.kr

■ 도서 A/S 안내

성안당에서 발행하는 모든 도서는 저자와 출판사, 그리고 독자가 함께 만들어 나갑니다.

좋은 책을 펴내기 위해 많은 노력을 기울이고 있습니다. 혹시라도 내용상의 오류나 오탈자 등이 발견되면 "좋은 책은 나라의 보배"로서 우리 모두가 함께 만들어 간다는 마음으로 연락주시기 바랍니다. 수정 보완하여 더 나은 책이 되도록 최선을 다하겠습니다.

성안당은 늘 독자 여러분들의 소중한 의견을 기다리고 있습니다. 좋은 의견을 보내주시는 분께는 성안당 쇼핑몰의 포인트(3,000포인트)를 적립해 드립니다.

잘못 만들어진 책이나 부록 등이 파손된 경우에는 교환해 드립니다.

저자 문의 e-mail : linn35@hanmail.net(전희성)

본서 기획자 e-mail : coh@cyber.co.kr(최옥현)

홈페이지 : http://www.cyber.co.kr   전화 : 031) 950-6300

사진을 찍는다는 것은

내가 어릴 적에 카메라는 장롱 속에 고이 모셔 두었다가 소풍이나 운동회 때 아버지가 소중하게 꺼내어 우리를 찍어 주셨던 귀한 물건이었다. 그리고 세월이 지나 고등학교 수학여행 때 너도나도 자동카메라를 하나씩 들고 와서 서로의 모습을 찍어 주던 모습이 생생하다.

휴대폰이 등장하고, 언제부터인가 카메라가 내장된 휴대폰으로 사진을 찍기 시작했다. 초기 저화소의 휴대폰 카메라는 임시로 기록하기 위한 사진을 찍는 도구로 활용되었지만, 기술의 발전과 함께 고화소와 다양한 기능이 추가된 카메라로 업그레이드되면서 휴대폰 카메라는 우리의 일상을 찍고, 저장하고, 공유하는 생활을 일상화하는 데 큰 역할을 하게 되었다.

이제 사진은 우리의 일상에서 떼려야 뗄 수 없는 분신 같은 존재가 되었다. 그리고 사진은 이제 나의 생각, 나의 정체성을 표현하는 데 가장 쉽고 편한 도구로 사용되고 있다.

어느 날 이왕이면 사진을 제대로 배워서 내가 생각하는 것들을 잘 찍고 표현해야겠다는 생각이 들었다. 그리고 그때부터 사진의 촬영기법을 인터넷이나 서적을 통해 하나씩 배우기 시작했다. 사진은 그렇게 취미로 시작하게 되었고 사진을 조금 더 멋있게 표현하기 위해 포토샵도 배우게 되었다.

인테리어 실무를 하던 시절, 설계 의뢰를 받고 건축주를 처음 대면하는 날 건축주는 대뜸 주위를 둘러보며 "이 공간을 어떻게 바꾸면 좋을까요?"라는 질문을 하는 경우가 많았다. 사실 전문가도 이렇게 처음 공간을 보자마자 디자인에 대한 명쾌한 답변을 하기가 어려운 경우가 종종 있다. 이때, 필자는 사진을 공부한 것이 많은 도움이 되었다.

사진을 찍을 때는 우선 주변 환경을 많이 정리한다. 예를 들어, 교실을 주제로 사진을 찍을 때 학생들의 책상에는 주제를 혼란스럽게 하는, 사진에서 보이면 안 되는 물건들이 많이 있다. 라이터, 머리빗, 벗어 놓은 모자, 휴대폰 등. 이것들은 교실이라는 아이덴티티(identity)를 방해하는 요소이기 때문에 사진의 화면에서 보이지 않도록 치워야 한다. 반대로 추가해야 되는 것들도 있다. 볼펜이나 노트 등의 물건은 책상 위에 있어야 주제를 훨씬 명확하게 설명해 준다. 주방의 경우도 마찬가지로 싱크대만 있는 공간보다는 주전자, 컵, 요리도구 몇 가지가 추가된다면 주방이라는 공간의 아이덴티티를 더욱 살려 줄 것이다.

필자는 사진을 공부하며 이런 시각적 훈련을 저절로 습득하였고, 위와 같은 질문을 건축주로부터 받았을 때 처음 본 공간이지만 그 공간에서 필요 없는 요소와 추가해야 할 요소를 한눈에 파악하여 바로 답변할 수 있는 노하우를 터득할 수 있었다.

그리고 사진을 더 멋있게 표현하기 위해 배웠던 포토샵의 명령어가 인테리어 도면을 그래픽으로 표현하는 포토샵의 명령어와 크게 다르지 않음을 알게 되었고, 어느 순간 포토샵으로 인테리어 도면을 그리고 있는 자신을 발견하게 되었다. 그러던 중, '사진의 기법과 특성을 활용하여 공간디자인을 하는 방법으로 연결시킬 수는 없을까?'라는 생각이 들었고, 실제로 100여 년 전 바우하우스에서 그러한 시도가 있었다는 사실을 알게 되었다. 이때부터 사진기법을 활용한 공간디자인 방법에 대한 자료를 수집하기 시작했고, 어느덧 10여 년의 시간이 흘렀다.

하나하나의 방법을 발견할 때마다 1학년 과정에 개설된 '디자인발상'이라는 공간디자인을 위한 기초조형 수업에 적용하였고, 그 결과물을 토대로 학생들이 2~3학년이 되었을 때 스튜디오 수업의 디자인 프로세스 과정에서 디자인의 한 방법으로 활용하는 것을 보았다.

그렇게 10여 년의 자료와 수업의 결과물을 토대로 박사학위를 받게 되었고, 이 연구의 결과물을 좀 더 쉽게 다듬고 수정하여 누구나 쉽게 접하고 공부할 수 있도록 하기 위해 이 책을 집필하게 되었다.

　이 책은 사진을 잘 모르는 교수자 혹은 학생들도 쉽게 내용을 이해할 수 있도록 사진과 예시를 최대한 많이 넣었다. 그리고 사진의 기술이 아니라 사진의 조형적 관점에서 기술하여, 이 책을 기초조형을 위한 교재나 참고자료로 활용한다면 공간디자인에 대해 좀 더 쉽고 효율적인 접근방법이 될 것으로 기대한다.

　먼저 모든 영광을 하나님께 드리며, 이 책이 나오기까지 많은 지도와 영감을 주신 박사과정 지도교수였던 김문덕 교수님께 진심 어린 감사의 말씀을 드린다. 그리고 늘 곁에서 헌신적인 내조를 통해 격려와 힘이 되어 준 아내에게 미안함과 고마움을 전한다.

저자 **전희성**

Contents
차례

머리말 · 3

Chapter 01
개요
11

Chapter 02
공간디자인의 기초조형교육과 사진의 연관성
19

2.1 왜 사진인가 — 21
    2.1.1 카메라가 내장된 휴대폰의 등장 · 21

2.2 사진의 등장과 공간의 표현 — 23
    2.2.1 사진의 등장 · 23
    2.2.2 사진의 특성 · 26
    2.2.3 사진과 공간의 표현 · 29

2.3 공간디자인의 기초조형교육과 사진조형 — 33
    2.3.1 기초조형교육의 개념과 목적 · 33
    2.3.2 바우하우스의 기본이념과 기초조형교육 · 35
    2.3.3 라즐로 모홀리 나기의 기초조형교육 · 40
    2.3.4 공간디자인의 기초조형 요소 · 43
    2.3.5 사진의 기초조형 요소 · 50
    2.3.6 공간과 사진의 기초조형교육에서의 연관성 · 60

2.4 기초조형교육을 위한 사진의 역할 및 교육적 효과 — 65
    2.4.1 비주얼 리터러시(visual literacy) · 65
    2.4.2 알레고리(allegory) · 67
    2.4.3 시뮬라크르(simulacre) · 68
    2.4.4 상상력(imagination) · 70

Chapter
03

사진기법이 공간디자인에 적용된 사례

73

3.1 사진의 원근기법을 이용한 공간표현 ⋯⋯⋯⋯⋯⋯⋯⋯⋯⋯⋯⋯ 75

3.1.1 구도를 이용한 원근표현 · 75

3.1.2 명암대비와 중첩을 이용한 원근표현 · 80

3.2 사진의 시점을 이용한 공간표현 ⋯⋯⋯⋯⋯⋯⋯⋯⋯⋯⋯⋯⋯ 82

3.2.1 다중촬영기법을 이용한 다시점 공간표현 · 82

3.2.2 중첩기법을 이용한 다시점 공간표현 · 85

3.2.3 관찰자의 시점을 이용한 공간표현 · 93

3.3 사진의 중첩기법을 이용한 재질감표현 ⋯⋯⋯⋯⋯⋯⋯⋯⋯ 96

3.4 사진의 플레어(flare) 현상을 이용한 재질감표현 ⋯⋯⋯⋯ 101

3.5 사진의 실루엣(silhouette)기법을 이용한 시공간표현 ⋯⋯ 106

3.6 사진의 포토몽타주(photomotage)기법을 이용한 시공간표현 ⋯ 110

3.7 사진의 포트폴리오(portfolio)기법을 이용한 시공간표현 ⋯ 112

3.8 사진의 프레임을 이용한 공간표현 ⋯⋯⋯⋯⋯⋯⋯⋯⋯⋯⋯ 115

Chapter 04

공간디자인을 위한
사진교육 프로그램과 사례

119

4.1 사진교육 프로그램 ·· **121**

4.2 사진 읽기 ·· **122**

　　4.2.1 사진적 시각 · **124**

4.3 사진 찍기 ·· **128**

　　4.3.1 사진 찍기 계획 세우기 · **128**

　　4.3.2 사진 찍기 · **130**

　　4.3.3 점, 선, 면 · **131**

　　4.3.4 프레이밍(구도) · **141**

　　4.3.5 형태, 질감, 중첩 · **145**

　　4.3.6 다중촬영 / 원근법 · **150**

　　4.3.7 실루엣(톤의 대비) · **153**

4.4 사진으로 글쓰기 ·· **158**

　　4.4.1 포토몽타주 · **159**

　　4.4.2 포트폴리오 · **161**

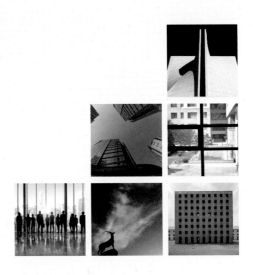

Chapter 05

공간디자인의 기초조형교육을 위한 사진교육 프로그램

167

5.1 교육의 목표 및 방향 ································ 169

5.2 사진 읽기 ································ 171

5.2.1 사진적 시각을 적용한 기초조형교육 • 171

5.3 사진 찍기 ································ 172

5.3.1 점, 선, 면을 적용한 기초조형교육 • 172

5.3.2 프레이밍(구도)을 적용한 기초조형교육 • 177

5.3.3 형태, 질감, 중첩을 적용한 기초조형교육 • 179

5.3.4 다중촬영/원근법을 적용한 기초조형교육 • 181

5.3.5 실루엣을 적용한 기초조형교육 • 183

5.4 사진으로 글쓰기 ································ 185

5.4.1 포토몽타주를 적용한 기초조형교육 • 185

5.4.2 포트폴리오를 적용한 기초조형교육 • 187

Chapter 06

사진기법을 적용한
공간디자인의 기초조형교육
결과 및 기대효과   191

6.1 사진 읽기 ·· **193**

  6.1.1 사진적 시각을 적용한 기초조형교육 · 193

6.2 사진 찍기 ·· **199**

  6.2.1 점, 선, 면을 적용한 기초조형교육 · 199

  6.2.2 프레이밍(구도)을 적용한 기초조형교육 · 221

  6.2.3 형태, 질감, 중첩을 적용한 기초조형교육 · 231

  6.2.4 다중촬영/원근법을 적용한 기초조형교육 · 239

  6.2.5 실루엣을 적용한 기초조형교육 · 246

6.3 사진으로 글쓰기 ··· **254**

  6.3.1 포토몽타주를 적용한 기초조형교육 · 254

  6.3.2 포트폴리오를 적용한 기초조형교육 · 261

  참고문헌 · **266**

  찾아보기 · **269**

Chapter 01

개요

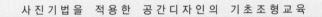 사진기법을 적용한 공간디자인의 기초조형교육

공간디자인이란 건축, 실내건축, 실내환경, 크게는 도시까지 포함하는 인간 주변을 둘러싼 공간을 계획하고 디자인하는 것을 말한다. 공간디자인 관련학과에 입학하게 되면 학생들은 공간과 관련된 여러 과목, 즉 제도, 색채, 구조, 역사, CAD, 시공, 재료 등을 배우기 시작한다.

처음에는 이론과 기술에 관한 교육으로 시작하여 보통은 2학기에 공간설계라는 과목으로 공간디자인을 시작하게 된다. 공간디자인을 시작하게 되면 학생들이 가장 어려워하는 것은 디자인 발상이다. 공간의 주제가 결정되면 컨셉을 정해야 하는데 이 컨셉을 정하는 과정에서 디자인 발상이 필요하다. 하지만 시중에는 이론과 기술에 대한 교육방법이나 이론서는 많이 나와 있지만 공간을 새로운 시각으로 바라보고 교육하는 시각교육에 대한 이론서는 쉽게 찾아보기가 어려운 실정이다. 따라서 공간에 대한 기술교육과 더불어 공간을 새롭게 바라보는 시각교육이 필요하다. 여기서 말하는 시각교육은 창의력 증진을 위해 디자이너가 갖추어야 할 기본적인 감각과 기술적 표현력을 향상시키는 과정에 대한 교육이다. 보통 대학에서는 디자인 발상 교육이나 기초조형교육을 통해 아이디어 발상과 창의적 사고를 교육하고 있지만, 처음 공간디자인을 접하는 학생들에게 디자인 발상과 창의적 사고는 쉽지 않은 과정이다.

공간디자인은 다양한 분야에 걸쳐 상상력과 창의성이 개발되어야 하기 때문에 교육방법 또한 시대의 패러다임에 맞춰 보다 쉽고 흥미있게 접근할 수 있는 방법을 찾아야 한다. 100여 년 전 독일의 바우하우스에서는 사진, 영화 등을 매개로 하여 창의성 개발을 목표로 다양한 실험과 교육을 하였다. 하지만 이러한 실험과 교육이 이론에 치우쳐 오늘날 공간디자인 교육에 적용되다 보니 일부 학생들은 흥미를 잃거나 어려운 학문으로 인식하는 경우가 발생한다.

이 책은 공간디자인을 처음 접하는 학생들 혹은 디자인하는 과정을 어려워하는 디자이너들을 위해 디자인 방법과 디자인 발상의 한 방편으로 사진을 활용한 디자인 접근방법을 제시한다. 책의 주된 내용은 필자의 박사학위 논문 "공간디자인의 기초조형교육에서 사진의 활용과 효과에 대한 연구"를 기본 틀로 하였고, 공간디자인을 잘 모르는 사람들도 쉽게 이해할 수 있도록 쉬운 용어와 내용으로 수정 보완하였다.

공간디자인 교육에 사진을 적용한 이유는 현 시대가 문자의 시대에서 이미지의 시대로 변하고 있기 때문이다. SNS(Social Networking Service) 같은 의사전달 수단도 텍스트의 사용은 줄고 사진 같은 이미지가 빠르게 그 자리를 차지하고 있다. 학생들은 이미 SNS 등을 통해 이것을 일상에서 친숙하게 활용하고 있다. 의사소통의 주요 수단이 이제는 문자매체에서 영상매체로 바뀌고 있는 것이다. 따라서 문자매체보다는 영상매체에 익숙한 학생들을 위해 글자 위주의 이론교육과는 다른 교육이 이루어져야 한다. 현재 창의적이고 진취적인 교육을 하기 위한 여러 가지 시도가 각 분야에서 활발하게 전개되고 있으며, 교육과 놀이를 융합한 새로운 교육방법도 다양하게 시도되고 있다. 특히 4차 산업혁명시대에서는 단편적 지식보다 창의적 사고능력이 중요하기 때문에 창의적 사고능력을 유도하기 위한 교육방법과 교육과정 개발이 요구된다. 공간에 대한 인식도 근대에서 현대로 넘어오며 절대적인 공간에서 잠재적 가능성, 신체적 감각과 경험을 중시하는 공간으로 바뀌게 되었다. 따라서 공간디자인에 대한 교육도 좀 더 활동적이며 적극적인 교육 프로그램이 요구되는 것이다.

최근 사진은 그 어떤 매체보다도 영향력이 크게 작용하고 있다. 카메라가 내장된 휴대폰의 보급은 학생들이 사진을 의사소통의 가장 비중 있는 수단으로 활용하는 촉매제가 되었다. 이제 사진은 그동안 교육활동을 돕는 보조적인 기능을 넘어 의사소통의 도구로 더 많이 사용되고 있다. 여기서 언급하는 의사소통은 아이디어의 소통을 의미한다. 따라서 사진을 공간디자인 수업에 적용한다면 학생들은 일상의 삶과 체험 속에서 경험하고 발견하는 아이디어를 쉽게 디자인하는 과정에서 활용할 수 있을 것이다. 더욱이 창의적인 발상을 위한 기초과정인 기초조형교육에 사진을 적용한다면 다양한 관찰과 새로운 시각으로 사물을 바라볼 수 있으며, 사진이라는 매체의 특성상 활동적이고 적극적인 태도로 수업에 임하게 될 것이다. 즉, 사진을 읽고, 촬영하고, 사진으로 글을 쓰고, 발표하는 과정을 통해 창의적 사고력과 효과적인 표현방법을 향상시키는 것이다.

1세기 전 바우하우스에서도 기초조형교육을 통하여 공간디자인에서 함양해야 하는 창의적인 시각을 교육하였다. 특히 사진이라는 매체를 적극 활용하여 다양한 관점에서 사물을 바라보았는데 이것을 "사진적 시각"이라고 한다. 오늘날 일부 공간디자인 관련 대학에서도 이러한 "사진적 시각"을 통한 창의적 사고 함양을 목표로 사진강좌가 개설되어 있다. 하지만 사진교육이 사진을 잘 찍는 방법이나 이론에 초점을 맞추어 기술적인 부분에 대한 내용이 주로 많아, 공간디자인을 위한 사진의 활용은 좀 더 실제적이고 효과적인 교육적 접근방법이 필요하다.

이 책은 사진을 잘 찍는 기술이나 사진의 이론적 배경에 대한 내용보다는 사진 찍는 과정을 통해 습득하는 창의적인 시각과 그 창의적인 시각을 공간디자인으로 연결하는 교육방법에 대한 내용으로 구성하였다. 필자는 실제로 창의적 발상을 위한 기초조형교육 과정에서 사진을 활용한 공간디자인의 방법으로 1학년 과정 수업을 진행하였고, 이후 설계 스튜디오와 실제 실무에서 어떤 방법으로 사진이 공간디자인에 적용되는지를 기술하였다.

이 책은 크게 두 개의 구조로 구성되어 있다.

첫째, 2~4장은 사진기법을 이용한 사진프로그램에 대한 이론과 배경을 다루었다. 사진의 기법을 공간디자인에서 어떻게 활용하고 있는지 자세한 예시를 통해 혼자서도 학습할 수 있도록 구성하였다.

둘째, 5~6장은 수업의 내용과 결과를 예시를 통해 학습하고, 실제 디자인에 응용하는 과정을 다루었다. 사진기법을 실제 수업에 어떻게 적용해야 하는지, 그리고 그 결과와 활용은 어떻게 진행되고 있는지 다양한 예시를 통해 설명하였다.

조금 더 세부적인 내용을 장별로 소개하면 다음과 같다.

2장에서는 공간디자인의 기초조형교육에서 사진이 등장하게 되는 배경과 필요성을 고찰하여 사진을 활용한 교육의 가능성을 제시하였다. 여기서 공간디자인을 위한 기초조형과 사진이 가지고 있는 조형요소를 연결시키고 독자가 쉽게 이해할 수 있도록 도표로 정리하였다.

3장에서는 사진기법이 공간디자인에 적용된 사례를 통해 공간의 개념을 읽어 내고, 그것을 바탕으로 공간을 바라보는 새로운 시각을 갖게 되는 과정을 설명하였다.

4장에서는 3장에서 예시한 사진기법을 근거로 공간디자인에 적용할 수 있는 사진프로그램을 여러 사례를 통해 정리하여 공간디자인의 기초조형교육에서 사진을 활용한 교육의 방향성을 제시하였다.

5장은 4장에서 정리한 사진프로그램을 토대로 공간디자인을 위한 디자인 발상 교육이나 기초조형교육을 위한 사진프로그램을 수업 형식에 맞추어 정리하여 실제 수업에서도 활용할 수 있도록 하였다.

6장은 5장의 사진기법을 적용한 공간디자인의 기초조형교육을 토대로 필자가 수업을 진행한 결과 및 기대효과를 정리하였다.

수업의 결과 및 교육적 효과를 요소별로 정리하면 다음과 같다.

첫째, 사진적 시각교육은 다양한 관점에서 사물을 색다른 시각으로 바라보고 공간 표현을 하는 학습과정이다. 이 과정에서 사진을 창의적인 시각으로 읽는 상상력이 향상된다.

둘째, 점, 선, 면의 요소를 찾아 사진을 촬영하는 교육은 공간의 질서와 성질, 경계와 패턴을 찾는 과정이다. 사진에서 점은 위치와 배경과의 관계 찾기를 통해 공간의 질서를 찾는다. 선은 방향에 따라 공간의 성질을 표현한다. 면은 직선과 곡선의 면을 통해 공간의 경계를 표현한다. 점, 선, 면의 교육과정을 통해 공간에 대한 시지각능력 등 기초조형 능력이 향상된다.

셋째, 사진에서 강조할 공간을 찾아내고 필요한 부분만을 촬영하는 구도교육은 공간의 선택에 대한 학습으로 공간에서 강조해야 하는 요소와 디테일을 표현하는 과정이다. 이 과정에서 사물에 대한 집중력이 향상된다.

넷째, 공간에서 특정한 형태를 찾아 촬영하는 교육은 공간을 추상화하는 학습과정이며, 중첩의 사진기법교육은 건축재료의 색다른 표현방법을 학습하는 과정이다. 이 과정에서 형태와 질감에 대한 관찰력과 인지능력이 향상된다.

다섯째, 조리개를 통한 심도와 다중촬영, 선원근법과 다각원근법 등 사진 촬영을 통해 깊이감을 찾는 교육은 공간의 시점을 학습하는 과정이다. 이 과정에서 다시점의 개념도 이해하고 활용할 수 있게 된다.

여섯째, 빛과 피사체의 위치에 따라 실루엣이 형성되는 사진을 촬영하는 교육은 현실과 가상공간의 시노그래피(scenography)적인 공간을 계획하고 만드는 과정이다. 다양한 실루엣 장면을 설정하고 촬영하는 과정에서 개념을 이미지로 만드는 능력이 향상된다.

일곱째, 포토몽타주기법의 교육은 콜라주 등 공간 표현방법을 통해 시간과 공간이 다른 혼합된 공간을 재현하여 표현하는 방법을 학습하는 과정이다. 이 과정에서는 창의적인 표현능력이 향상된다.

여덟째, 포트폴리오의 제작기법 교육은 글쓰기와 사진이 혼합된 형태의 교육으로, 스토리를 만들어 공간을 계획하거나 공간에 스토리를 부여하는 학습과정이다. 이 과정에서 이미지를 통한 커뮤니케이션 능력이 향상된다.

이와 같이 사진을 적용한 기초조형교육은 공간디자인의 프로세스 과정에서 매우 유용하게 적용되는 것을 알 수 있다. 공간디자인의 기초조형교육은 조형의 원리를 바탕으로 창의력 발상을 위한 감각을 키워 주는 과정이기 때문에 체험과 관찰을 중심으로 한 사진과의 연계교육은 익숙하면서도 학생들의 흥미와 관심을 유도하는 수단이 된다. 관찰과 실험을 유도하여 답을 찾아내듯, 사진을 촬영하는 과제는 학생들에게 과제를 놀이처럼 생각하게 하여 학습에 대한 흥미와 열정을 갖게 하는 계기가 되기 때문이다. 더욱이 현대의 공간은 신체를 통한 체험과 물성의 잠재적 가능성을 공간에 표현하려는 경향이 많이 나타나므로 사진을 통한 관찰과 실험은 실제 공간을 디자인하는 데 있어서 조형의 원리를 쉽게 이해하고 응용하는 방법이 되리라 생각한다.

이렇게 조형의 원리를 이해하는 과정 속에서 학생들은 전공에 대한 자신감과 새로운 표현방법들을 배울 수 있다. 그리고 발표하는 과정 속에서 다른 사람들의 다양한 생각들을 이해할 수 있게 된다. 생각의 차이를 통해 다양한 시각과 관점을 발견하고 배우기도 하는 것이다. 처음에는 발표하는 것을 어려워하던 학생들도 매주 과제를 진행하면서 논리적으로 정리하며 말하는 능력 또한 많이 향상되는 것을 볼 수 있었다. 필자 또한 학생들의 발표를 통해 그들의 문화와 생각들을 새롭게 알아가는 시간이 되기도 하였다.

이와 같이 이 책은 보통 대학에서 실시하는 공간디자인 기초교육과정인 드로잉이나 스케치, 제도 대신 사진을 활용하여 디자인적 사고와 표현을 하는 방법에 대한 내용으로 구성되어 있다. 1세기 전 바우하우스에서 실시된 이후 공간디자인과 관련하여 사진을 적용한 기초조형교육에 대한 연구가 많지 않았기에 이 책을 계기로 후속연구가 계속 이어지기를 바란다. 또한 이러한 교육방법을 통해 학생들이 보다 쉽게 기초조형의 원리를 이해하고 공간디자인에 적용하여 자신감과 열정을 갖고 학업에 임하고, 더 나아가 훗날 자신의 생각과 아이디어를 마음껏 표현할 수 있는 디자이너로 성장하는 데 도움이 되기를 기대한다.

Chapter 02

공간디자인의 기초조형교육과 사진의 연관성

1. 왜 사진인가 | 2. 사진의 등장과 공간의 표현 | 3. 공간디자인의 기초조형교육과 사진조형
4. 기초조형교육을 위한 사진의 역할 및 교육적 효과

사 진 기 법 을 적 용 한 공 간 디 자 인 의 기 초 조 형 교 육

2.1
왜 사진인가 ─────────────

    오늘날 사진의 용도는 추억을 기억하고, 역사의 현장을 기록하며, 면접을 위해 자신의 모습을 저장하는 단계를 넘어 매일매일의 일상을 카메라를 통해 바라보고 기록한다. 이제는 기록을 넘어 사진으로 소통하고 대화하는 시대가 되었다.

2.1.1 카메라가 내장된 휴대폰의 등장

    카메라가 내장된 휴대폰의 보급은 사진을 우리 일상의 한 부분으로 만들었다. 아기 때부터 장난감처럼 휴대폰을 만지며 자라난 학생들은 사진을 자연스럽게 자기 표현의 도구로 활용하고 있다. 이제 학생들은 SNS를 통해 사진을 단순한 취미 활동을 넘어 자기의 의사를 전달하고 표현하는 소통의 도구로 활용하고 있다. 심지어 학교에서도 문자보다는 그림이나 사진 같은 이미지를 활용한 수업이 늘어나고 있다. 이처럼 사진은 학생들이 이미지를 통한 시각문화 환경을 좀 더 쉽게 이해하고 자연스럽게 타인과 소통할 수 있는 도구로써 가장 쉽게 접근할 수 있는 친근한 소재가 되었다. 이러한 학생들의 기호에 맞춰 사진을 교육에 사용한다면 좀 더 흥미 있고 자연스럽게 학생들에게 접근할 수 있는 계기가 될 것이다.

    사진은 현실을 있는 그대로 반영하기도 하지만 때로는 사회의 여러 현상에서

[그림 2-1] 소통의 도구가 된 휴대폰

나타나는 의미를 보여주기도 하고 사진가의 의도와 목적을 나타내기도 한다. 따라서 학생들은 사진매체가 나타내는 정보와 사실을 분석하여 시각적 이미지가 전달하는 메시지를 올바르게 해독하는 것이 필요하다.

그렇게 되기 위해서는 올바른 판단을 할 수 있는 사고능력이 필요하다. 따라서 새로운 시각문화에 대한 학습이 활발해지고 보다 체계적인 시각적 미디어 교육과 관련된 프로그램을 개발해야 한다. 사진을 보는 입장에만 머무르지 않고 직접 촬영을 하면서 다양하게 보고, 느끼고, 다르게 사고하도록 해야 한다. 촬영자의 입장에서 세상을 보고 구체적인 의도나 느낌을 이미지를 통해서 자신을 표현하는 능력을 키워야 한다. 그러기 위해서는 보다 효율적인 사진교육방법이 제시되어야 한다.

공간디자인을 처음 접하는 학생들에게 사진을 활용한 교육은 공간이나 사물의 의미를 생각하고 공간과 사물과의 인과관계를 탐구하는 데 도움이 될 것이다. 사진은 주변 세계를 이해하는 원리를 제공하며 창의적이고 독창적인 창작활동을 유도하기 위한 동기 유발의 표현도구로 사용될 수 있기 때문이다.

이러한 교육을 통해 공간디자인에 대한 개념을 이해하고 가설 설정을 만들어내는 능력을 키워 학생들은 자신의 구체적인 의도를 드러내거나 어떤 느낌을 보여주는 과정을 습득하게 될 것이다.

2.2
사진의 등장과 공간의 표현 ────────

2.2.1 사진의 등장

사진이 탄생하기 전 사물의 이미지를 기록하고 기억하는 유일한 방법은 그림밖에 없었다. 1820년대에는 사실주의(realism)[1]가 유행하며 그림에서도 사물을 있는 그대로 그리는 것이 중요했다. 이러한 배경은 사진이 탄생하는 계기가 되었는데, 사진은 그림을 판화보다 쉽게 대량으로 복제하고 자동으로 그림을 그리는 기계를 만드는 것을 목적으로 시작하였다. 즉, 과학적인 목적이 아닌 똑같은 그림을 빠르고 많이, 손을 대지 않고 그림을 그리고자 했던 사람들에 의해 사진은 탄생이 된 것이다. [그림 2-2]와 [그림 2-3]은 그림을 빨리, 정확하게 그리고자 했던 사람들의 모습을 보여주는 삽화이다. [그림 2-4]는 베두타(Veduta)[2]의 대표적인 사례인데, 사진이 탄생하기 전 관광지를 다녀온 것을 기념하기 위해 베두타를 구매하는 사람들이 생겨났고, 반복해서 그림을 빨리 그리고자 했던 화가들의 열망이 사진 탄생의 배경이 된 것이다.

[1] 사실주의: 객관적 사물을 있는 그대로 정확하게 재현하려는 태도

[2] 베두타: 건축물을 포함한 도시의 지형을 그대로 화면에 담은 도시 풍경화

[그림 2-2] 카메라 옵스큐라를 이용해 스케치를 하고 있는 화가 (가노[A. Ganot]의 물리학개론, 1855)

[그림 2-3] 창유리에 비치는 상을 따라 스케치를 하고 있는 화가 (알브레히트 뒤러, 1525)

[그림 2-4] 대운하에서의 곤돌라 경주(카날레토, 1740)

조세프 니세포르 니에프스(Joseph Nicéphore Niépce, 1765~1833)는 석판 인쇄 기법을 연구하다가 카메라 옵스큐라[3]를 이용해 강렬한 햇빛 속에 특수한 약품 처리를 한 판을 오랫동안 놔두면 이미지가 맺힌다는 것을 발견했다. 루이 자크 망데 다게르(Louis Jacques Mandé Daguerre, 1787~1851)는 이것을 더욱 발전시켜 감광판에 식염을 넣어 노출시간을 줄이고 1839년 8월 다게레오 타입이라는 이름으로 공개했고, 프랑스 과학아카데미에서 이것을 공식적인 최초의 사진술로 인정했다. 하지만 다게르의 사진은 큰 인기를 모았지만 여전히 긴 노출시간으로 인해 움직이는 물체를 제대로 포착할 수 없다는 문제점을 가지고 있었다. 따라서 [그림 2-5]처럼 서재의 창문을 통해 내다본 전망처럼 움직임이 없는 건축물은 사진가에게 표현하기 좋은 이상적인 피사체가 되었다. 그 후 노출시간을 줄인 칼로 타입을 발명한 영국의 윌리엄 헨리 폭스 탤벗(William Henry Fox Talbot, 1800~1877)에 의해 대량 사진 출력이 가능하게 되었다.

[그림 2-5] 탕플 대로(루이 자크 망데 다게르, 1838)   [그림 2-6] 세느가의 모퉁이(으젠느 앗제, 1924)

　이후 사진은 과거의 어느 재현 수단보다 강한 영향을 주었고, 사물을 가장 정확하게 기록하는 수단으로 인식하게 되었다. 화가들은 사진을 그림을 그리기 위한 자료 수집의 도구로 활용하기도 하였는데, 이때 카메라를 통해 자연과 사물을 관찰하는 "사진적 시각"이 생겨나기 시작했다. 이렇게 카메라를 통한 "사진적 시각"은 대상 묘사를 위한 소재 제공에 그치지 않고 화가에게 사물을 새롭게 보는 방식을 일깨워 주었고 직접적인 체험에서 얻는 것과는 다른 눈을 갖게 되었다. 20세기 대표적인 사진가 으젠느 앗제(Eugene Atget, 1857~1927)도 화가를 위한 자료 제공의 목적을 가지고 사진을 찍었지만 창조적인 시각으로 사물을 바라보며 사진을 촬영하였다. 그는 [그림 2-6]처럼 일상의 모습을 사진으로 촬영했지만 사람을 사진에서 배제하여 사람의 부재와 적막을 통해 불안감을 느끼도록 하였다. 어쩌면 화가로 성공하지 못한 본인의 자화상을 건축사진을 통해 표현했을지도 모른다. 하지만 처음에는 기록을 위해 찍었던 것이 사진을 찍는 과정에서 내부의 세계를 관찰하고 사물을 바라보는 독특한 시각이 생겨나게 된 것이다. 이렇게 20세기 초에 일어난 "사진적 시각"은 사진을 언어처럼 의사소통의 수단으로 인식하게 하였고, 사실적인 기록을 중시하는 재현적 특성에서 벗어나 내면의 세계를 보여주는 의미표현의 수단이 되었다. 안드레아스 파이

[4] 안드레아스 파이닝거: 독일 출신의 사진작가, 바우하우스에서 건축을 공부했지만 사진가의 길을 선택했고 미국으로 망명한 후 포토저널리스트로 활동함.

닝거(Andreas Feininger)[4]는 현대사진의 본질을 3가지로 분류했는데,

첫째, 재현적, 사실적 사진,

둘째, 기록적, 설명적 사진,

셋째, 창조적, 해석적 사진이다.

특히 창조적, 해석적 사진은 오늘날 사진의 활용 가능성을 잘 보여주고 있다.

2.2.2 사진의 특성

사진은 이전에 그림으로는 표현할 수 없었던 다양한 장면들의 표현을 가능하게 해 주었다. [그림 2-7]은 에드워드 머이브릿지(Eadweard Muybridge)의 '움직이는 말'의 사진이다. 사진의 발명 이전에 눈으로 포착할 수 없었던 장면들을 연속해서 촬영함으로써 인간이 가질 수 없었던 시각의 한계를 넓혀 주었다. [그림 2-8]은 물방울이 튀어 왕관 모양의 형상을 만드는 사진이다. 이 사진 역시 인간의 눈으로는 포착할 수 없는 장면이지만 사진을 통하여 표현이 가능하게 되었다. 그리고 무한한 복제가 가능해지면서 다양한 시각의 기록을 대중들에게 전할 수 있는 기회가 제공되었다. 그리고 잡지와 신문 같은 대중매체가 발전하며 사진은 새로운 소통의 도구로 발전하게 되었고 다양한 사진적 표현들이 나타나기 시작하였다.

[그림 2-7] 움직이는 말

[그림 2-8] 물방울 사진

사진은 이제 재현을 넘어 아이디어를 표현하는 창조적인 수단으로 사용되기에 이르렀다. 최초로 소통의 도구로 사진을 활용한 인물은 이폴리트 바야르(Hippolyte Bayard, 1801~1887)이다. [그림 2-9]는 다게르와 비슷한 시기에 유사한 사진기술을 시험했던 바야르가 발명의 특허권을 취득하지 못하자 좌절과 비탄에 빠진 인간의 모습을 자신이 직접 연출하여 사진으로 표현한 것이다. 즉 사진을 소통의 도구로 활용한 최초의 인

[그림 2-9] 비탄에 젖은 자화상(이폴리트 바야르,1840)

물이 된 것이다. 사진은 이렇게 재현에서 시작하여, 기록의 수단을 거쳐 소통과 의미를 표현하는 가장 대표적인 수단으로 발전하였다. 또한 사진의 촬영기술이나 표현기법도 다양하게 발전하였는데, 특히 베를린 다다이스트들은 콜라주 대신에 신문이나 잡지에 있는 사진을 찢어서 표현하는 포토몽타주라는 새로운 소재를 통해 의미를 만들고 전달하기도 하였다. 다다이스트들은 시각디자인과 사진은 같은 평면조형의 특성을 갖고 있기 때문에 사진을 시각디자인에 결합시키면 훨씬 효과적 표현이 가능하다고 생각하였다. 바우하우스에서 조형교육을 담당했던 라즐로 모홀리 나기(Laszlo Moholy-Nagy, 1895~1946)는 베를린에서 처음으로 사진작업을 보고 다다이스트들에게 포토몽타주를 배웠고 후에 콜라주에서 포토그램을 재발견하게 되었다.

현대 사진에서는 사진의 모방적 재현의 속성은 약화되고 사진가의 표현성과 창조성이 강조되면서 사진의 본질인 리얼리티의 속성이 변하고 있다. 재현을 기본 바탕으로 하지만 사진에서 새로운 의미와 개념의 표현이 중요한 요소가 되었다. 그리고 창의적 · 해석적 가치를 추구하는 단계에 이르렀다. 웨스턴 시드니 대학교의 명예교수인 데스 크롤리(Dass Crowley) 교수는 사진을 두 종류로 구분하였는데, 첫째는 재현이 목적인 찍는 사진이고, 둘째는 창의적 가치가 목적인 창조된 사진이다. 그리고 창의적인 사진에서 가장 중요한 것은 표현력이라고 하였다. 사진이 표현력을 가지려면

[그림 2-10] 초현실주의 사진

우리가 카메라를 통해 본 것을 단순히 현실을 묘사하는 데 그치는 것이 아니라 사진을 보고 해석할 수 있어야 한다. [그림 2-10]은 초현실주의 사진의 한 예로 현실에는 존재하지 않는 창조된 사진이다. 바다에 있는 코끼리 등에 올라탄 소녀는 망원경을 들고 세상을 관찰하고 있다. 코끼리는 온순하지만 힘이 센 동물로 소녀를 든든하게 지탱해 주고 있다. 바다는 너무 잔잔해서 수족관의 물처럼 인위적인 느낌이 든다. '오늘날 어린이가 관찰하는 자연은 안전하지만 인공적인 환경 속에 갇혀있는 세상이 아닐까?' 라는 생각이 들게 하는 사진이다. 이렇듯 창조된 사진은 사진 표현을 통하여 많은 해석과 의미들을 전달하고 있다.

[그림 2-11] 성 베드로 대성전의 프레스코 그림

2.2.3 사진과 공간의 표현

공간에 대한 표현은 아주 오래전 고대부터 있어 왔는데, 사진이 발명되기 전에는 주로 그림을 통해 공간을 표현했다. 건축물은 3차원적인 대상물이다. 따라서 그림도 사진과 마찬가지로 2차원적으로 공간을 표현하기에는 많은 어려움을 가지고 있었다. 하지만 그림은 사진과 달라서 반드시 실제와 똑같게 표현하지 않을 수도 있어서 미켈란젤로, 라파엘로 같은 르네상스 예술가는 있는 그대로 그림을 그리는 것이 아니라 상상에 의한 그림을 그리기도 했다. 때로는 벽과 천장에 그린 프레스코(fresco)[5] 화를 통해 그림과 건물이 하나의 작품이 되도록 만들기도 하였다.

사진이 발명되고 나서 건축물은 사진 표현의 중요한 소재 중 하나가 되었다. 사진을 통하여 장엄한 풍경이나 세계의 기념비적인 건축공간이 기록되고 전 세계에

[5] 프레스코: 석회나 석고를 벽에 먼저 바르고 그것이 채 마르기 전에 수용성 물감을 칠해서 그리는 기법으로 벽화를 그릴 때 사용함.

[그림 2-12] 밀라노의 프라다 박물관

소개되었다. 세심하게 선택된 사진의 구도는 독특한 시각과 더불어 역동적 속성을 만들어냈으며 질감의 표현을 통해 공간의 속성을 더욱 부각시키는 다양한 방법들을 발견하게 되었다.

[그림 2-12]는 밀라노에 있는 프라다 박물관인데 기존에 있는 콘크리트 공장건물에 현대적 건물을 추가하여 대립과 공존이라는 개념을 질감의 대비와 창문의 클래식하고 섬세한 형태의 공존을 통하여 잘 보여주고 있다. 금색의 표면 마감은 명암대비를 통해 질감이 촉각적으로 느껴지도록 잘 표현하여 건축공간이 가지고 있는 순수한 미학적 가치를 잘 보여주고 있다.

이제 사진은 기록적인 묘사부터 추상적이고 시각예술적인 작품까지 수많은 접근 방법들을 통해 공간을 표현하게 되었다. 공간 표현은 특히 '건축사진'이라는 장르를 통해 많이 표현하고 있다. 건축사진은 피사체인 건축과 도구인 사진이라는 말의

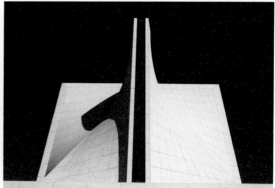

[그림 2-13] 재현을 위한 건축사진　　　　　　　　　[그림 2-14] 창조적 행위를 위한 건축사진

결합이다. 건축사진을 통해 많은 건축가들은 직접 보지 못한 건물들을 보게 되었고, 사진을 통한 간접 경험은 새로운 건물을 설계하는 데 많은 도움이 되고 있다. 건축 사진은 객관적인 기록임과 동시에 거기에 존재하는 입체적이고 공간적인 체험을 포함하는 종합적인 예술이다. 따라서 공간을 체험하고 바라보는 사진가의 시선은 매우 중요하다. 그림은 그림을 그리는 기술이 중요하지만 사진은 카메라가 그림의 기술적인 역할을 대신해 주기 때문에 사진가는 기술뿐만 아니라 생각하는 사고가 더 중요하게 되었다. 따라서 사진가는 기술적인 부분과 함께 창의적인 안목을 가지고 사진의 대상을 바라봐야 한다. 건축사진은 사진가가 자주적으로 제작할 때도 있지만 의뢰인인 건축가에 의해 특정한 사항을 요구 받아 촬영하는 경우도 많이 있다.

　건축사진은 크게 두 가지로 구분해 볼 수 있다. 첫째는 건축물을 위한 실용적인 목적의 건축사진이고, 둘째는 사진으로서의 작품인 건축사진이다. 실용적인 목적의 건축사진은 주로 정보 전달의 목적을 가지고 촬영하는 것으로, 직접 현장에 가보지 못하는 다수의 사람들에게 사진이라는 기록을 통해 사고의 이해와 깊이를 제공하기 위한 방법이다. 따라서 재현의 기능이 중요하다. 사진으로서의 작품인 건축사진은 사진가나 건축가의 개념이나 내재하는 감정, 느낌을 표현하는 것이라고 할 수 있다. 이것은 정보의 전달보다는 사진가(건축가)의 주관적인 생각과 추상적인 개념을 표현하는 것으로 창조적 행위가 중요하다.

　하지만 정보전달의 수단이나 예술적 개념의 표현은 모두 사진가에게는 건축을

[그림 2-15] 현실 같은 상상력에 의한 사진 (1)

[그림 2-16] 현실 같은 상상력에 의한 사진 (2)

이해하는 능력이 아주 중요한 요소로 작용한다. 사진을 보는 수용자는 건축사진을 통해 공간의 개념과 정보를 받아들이기 때문에 사진가의 시선은 정보를 전달하는 데 중요한 수단이 된다. 이러한 사진가의 시선은 다른 사진의 분석과 더불어 대상을 관찰하고 바라보는 훈련을 통하여 생겨난다. 사진을 통해 새로운 공간을 경험하고 새로운 시각으로 공간의 존재와 환경을 바라볼 수 있는 새로운 비전을 사진은 제공하는 것이다.

최근 사진은 찍는 사진에서 만드는 사진으로 변화하고 있다. 사진을 만든다는 것은 사진을 통해 개념을 인식하는 것을 넘어 작가의 상상력을 추가해 현실에 존재하지 않는 관념적 세계까지 표현한다는 것이다. 또한 사진의 합성을 비롯하여 상상하는 장면을 연출하고 조작하는 모든 과정을 포함한다. 만드는 사진에서 가장 중요한 것은 예술가의 창조정신이다. 하지만 사진이 다른 예술과 다른 점은 아무리 상상력에 의한 창의적 표현이라 하더라도 현실을 표현하고 있다는 것이다. 여기서 현실은 실제로 존재하는 객관적 현실이 아니라 작가에 의해 해석되고 만들어진 가상적 현실이 된다.

2.3
공간디자인의 기초조형교육과 사진조형 ————

2.3.1 기초조형교육의 개념과 목적

조형이란 여러 가지 재료를 이용하여 어떤 생각을 형태나 형상으로 만들어 내는 것을 말한다.

여기에 미적인 욕구와 실용적 효용가치 그리고 내면의 감정을 더해 자신의 생각을 3차원 공간 속에 시각적으로 구현하는 것을 의미한다.

기초조형교육은 조형의 각 장르, 즉 회화, 조각과 같은 순수조형에서부터 건축, 공예, 디자인 등과 같은 실용조형에 이르기까지 공통적으로 존재하는 기초를 대상으로 하여 연구하고 교육하는 것을 말한다.

대학에서도 전공분야가 세분화되고 다양해져 학생들이 꼭 배워 두어야 할 기초적이고 공통적인 교육이 무엇인가를 생각하게 되었고 그래서 연구된 것이 기초조형교육이다.

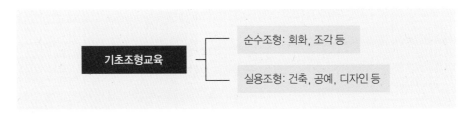

[그림 2-17] 기초조형교육의 범위

기초조형교육의 목적은 모든 디자인 분야에 공통적으로 적용되는 영역을 발굴하고 개발하여 조형의 원리를 중점적으로 정리, 교육하는 것이다. 조형의 원리에 대한 교육은 풍부한 발상 능력과 높은 미적 감성,

즉 디자인 감각을 키워 주는 교육이다.

디자이너에게 꼭 필요한 부분은 바로 디자인 발상 능력과 미적 감각이며, 가장 중요한 것은 창의력(creativity)이다. 창의력을 만드는 원동력은 다시 발상 능력과 미적 감각이기 때문에 기초 디자인의 최종 목적은 발상 능력과 미적 감각을 향상시키는 일이다. 기초조형을 교육에 도입하여 실험적이며 가장 이상적인 모델로서 세계적인 영향을 준 것은 바우하우스(Bauhaus)의 기초조형교육이라고 할 수 있다.

2.3.2 바우하우스의 기본이념과 기초조형교육

바우하우스는 1919년에 미술학교와 공예학교를 합병하여 발터 그로피우스(Walter Gropius)에 의해 설립된 미술공예학교이다. 바우하우스의 교육목표는 예술의 재통합과 창조적 예술가의 교육에 있었다. 바우하우스 교육에서 주목할 점은 기초교육과정을 도입한 것과 공방교육과 형태교육으로 구분하여 교육을 시도한 것이다.

바우하우스의 교육은 3단계로, 예비교육(기초교육 또는 형태교육), 전공교육(각 분야별 전공교육), 통합교육으로 구성되어 시행되었다. 교과내용은 공작교육과 형태교육이 주된 내용이었고, 예비교육 혹은 기초교육이라고 불리는 과정이 바우하우스의 전 과정에 있어서 가장 중요한 필수과정이었다. 이 과정은 학생들의 숨은 창의력을 끌어내기 위해 고안된 교육과정이었다. 학생들에게 충분한 기초적 지식을 부여하고 조형에 관련된 소재와 기술을 숙달시키는 것을 목적으로 하고 있었다. 가장 중요한

[그림 2-18] 그로피우스가 1926년에 완공한 데사우 바우하우스

것은 생활과 예술을 결합한 기초조형을 중요하게 생각했다는 것이고, 학생 개개인의 창의력을 향상시키는 것을 최우선 과제로 삼았다는 점이다.

발터 그로피우스는 "바우하우스 교수법의 최종 목표는 창조의 모든 프로세스에 대한 새롭고 강력한 협력 관계를 만드는 데 있다." 라고 언급하였다.

바우하우스의 조형교육에서 시행되었던 디자인 교육과정들은 전통 조형교육의 개념을 확장하고 작품의 방식에 변화를 가져옴으로써 오늘날 창의적인 디자인 교육에 많은 영향을 끼쳤다. 학생들에게 기본적인 조형감각을 가르치는 기초조형교육은 필수 교육과목이었고 오늘날 대부분의 공간디자인 교육도 바로 이 바우하우스의 교육과정에 기초를 두고 있다.

따라서 **현대 기초조형교육은 바우하우스에서 시작되었다고 할 수 있다.**

현재 우리나라 디자인 대학의 교과과정 또한 바우하우스에서 행해졌던 디자인 교육방식을 그대로 시행한다고 보아도 무방할 것이다.

바우하우스의 조형교육은 주입식 교수법에서 탈피하여 인간의 내면에 잠재되어 있는 창조능력 개발을 위한 교육을 실시하였다. 따라서 창의성과 개성을 강조하였고 재료에 대한 주관적인 감정이입과 창의력을 키우기 위한 자유로운 교수법, 그리고 재료나 질감, 형태, 색채의 조형원리의 연구를 통해 조형에 대한 감각적 체험과 지식을 습득하게 하였다. 바우하우스의 조형교육에서 가장 중요하게 생각한 것 중 하나가 순수한 재료에 대한 체험과 감각교육이다.

바우하우스의 교육과정은 시기별로 바이마르(1919~1925), 데사우(1925~1932), 베를린(1932~1933)의 세 시기로 구분할 수 있다.

바이마르 시기의 조형교육은 건축, 회화, 조각을 중심으로 이루어졌고 사진이 정식 교과목으로 채택되지는 않지만 동호회 형식으로 도입되었다. 요하네스 이텐

(Johannes Itten, 1888~1967)과 요제프 알베르스(Josef Albers, 1888~1976), 라즐로 모홀리 나기(Laszlo Moholy-Nagy, 1895~1946)가 조형교육을 담당하였다.

요하네스 이텐은 대비의 원리를 시초로 재료, 형태, 명암 등의 원리를 교육했으며, 교육방침은 다음 세 가지에 중점을 두었다.

1. 학생의 창조력과 예술적 기능을 해방시키는 것
2. 재료, 기술의 훈련을 통하여 학생들에게 적성을 깨닫게 하는 것
3. 학생들에게 형태와 색채에 관한 기초원칙을 교육하는 것

또한 신체를 하나의 유효한 도구로 가정하여 감각적 활동, 사고적 활동, 정신적 활동의 상호 관련에 의한 기초교육을 실시했다.

요제프 알베르스는 질감 및 재료에 대한 연구를 담당하였는데, 요하네스 이텐이 재료에 감정을 넣고 주관화하는 학습을 했다면 요제프 알베르스는 재료의 잠재적인 기능성을 발견하고 객관화시키는 방법을 교육하였다. 재료의 특성을 스스로 발견하고, 형태 구성의 가능성을 습득하기 위한 다양한 교육을 시도하였다.

라즐로 모홀리 나기는 새로운 매체와 기술을 도입한 표현방법을 만들고 다양한 소재를 결합하여 질감이나 표면처리에 관한 연구를 하였다.

데사우 시기의 조형교육은 바이마르 시기보다 더욱 전문화되어 교육이 이루어졌다. 건축교육이 강화되고 교육의 내용은 건축, 상업미술, 실내장식, 직물 부분으로 나뉘었다. 이때 사진학을 교과과정에 정식으로 채택하여 사진의 전문분야를 개설한 것은 대단히 혁신적인 시도였다.

바실리 칸딘스키(Wassily Kandinsky, 1866~1944)는 추상적 형태의 요소 분석과 분석적 드로잉에 대한 이론을 연구하였다. 분석적 드로잉은 조형에서 추상적인 형태 요소를 파악할 수 있다고 하였고, 회화를 통해 형태의 요소 분석을 하였다.

파울 클레(Paul Klee, 1879~1940)는 자연과 물리, 수학적 법칙 혹은 인간의 인식을 조형적인 관점에서 바라보았고 점, 선, 면, 공간, 크기, 형태, 구도 등의 조형적 사고를 교육하였다. 점, 선, 면에서 출발하여 공간으로 폭을 넓히며 구도와 리듬, 움직임 등을 가르쳤다. 특히 그림과 음악 사이에 공통적으로 존재하는 요소들을 찾아내었고, 그것을 교육이론에 적용하였다. 파울 클레가 점, 선, 면과 같은 건축적인 요소에 관심을 둔 반면 바실리 칸딘스키는 색채실험에 몰두하였다.

베를린 시기의 조형교육은 요제프 알베르스가 담당하였는데 재료와 공간에 대한 감각 위주의 교육을 진행하였다. 그리고 사진의 기초이론과 실습교육이 이루어졌다.

바우하우스의 기초조형교육은 이렇게 재료나 질감을 통해 감각적이며 창의적인 방법으로 조형의 원리를 깨닫게 하도록 교육하였다.
[표 2-1]은 바우하우스의 기초조형을 교육한 담당교수별 특징을, [표 2-2]는 바우하우스의 기초교육을 시기별로 정리한 것이다.

[표 2-1] 바우하우스 기초조형교육 담당교수와 교육의 특징

담당교수	교육의 특징
요하네스 이텐	대비의 원리를 통한 재료, 형태, 명암 등의 원리를 교육, 신체를 통한 감각교육
요제프 알베르스	질감과 재료에 대한 교육, 재료의 잠재적 기능을 스스로 발견하는 교육
라즐로 모홀리 나기	새로운 매체와 기술을 도입한 표현방법 교육, 다양한 소재에 대한 질감, 표면처리 연구
바실리 칸딘스키	추상적 형태의 요소 분석과 분석적 드로잉에 대한 교육, 회화를 통해 형태 요소 분석
파울 클레	점, 선, 면에서 출발, 공간에서 구도와 리듬, 움직임에 대한 교육, 그림과 음악의 공통점에 대한 분석

[표 2-2] 바우하우스 시기별 기초교육

시기	바이마르 (1919~1925)	데사우 (1925~1932)	베를린 (1932~1933)
과목 및 담당교수	-기초조형교육 　요하네스 이텐 　요제프 알베르스 　라즐로 모홀리 나기	-기초교육 　요제프 알베르스 -조형이론 　바실리 칸딘스키, 파울 클레 -기초디자인 　라즐로 모홀리 나기	-기초교육 　요제프 알베르스
교육내용	- 건축, 회화, 조각을 중심으로 한 재료 연구와 결부된 기본 형태 교육 -사진을 동호회 형식으로 도입	-기초적인 실습교육 -재료와 형태에 관한 기본 교육 -추상의 원리 학습 -사진학을 교과과정에 채택	-재료와 공간에 대한 감각교육 -사진의 기초이론과 실습교육

바우하우스 교육에서 주목할 점은 시각조형에서 사진을 매우 중요한 매체로 인식하였으며 사진의 가치와 인식을 새롭게 하였다는 점이다.

특히, 사진은 이미 바이마르 시대에서 갖가지 실험적 시도가 이루어졌고, 그 중심이 된 사람은 라즐로 모홀리 나기였다. 그는 사진의 중요성을 강조하였으며 《회화, 사진, 영화》의 출간을 통하여 "사진도 창조적인 표현수단이 될 수 있다."라고 하였다.

사진은 오늘날 예술의 한 영역으로 중요한 역할을 담당하고 있다. 몇 년이 지난 후 철학자 발터 벤야민(Walter Benjamin, 1892~1940)은 그의 저서 《기술 복제시대의 예술작품》에서 사진의 역할을 주목하였다. 바우하우스의 사진수업은 당시 기계의 눈으로서 사진이 보는 방식에 대한 다양한 실험들을 행하였다. 사진으로 보는 시각의 다양한 가능성이 시도되었다. 고배율의 클로즈업(close-up)[그림 2-19], 밑에서 위를 올려다보는 시각에서 찍는 로우 앵글(low angle)[그림 2-20], 위에서 아래를 내려다보는 시각에서 찍는 하이 앵글(high angle)[그림 2-21] 등 다양한 시점에 대한 실험들이 진행되었고 패턴이나 기하학적

[그림 2-19] 클로즈업 사진

[그림 2-20] 로우 앵글 사진 　[그림 2-21] 하이 앵글 사진 　[그림 2-22] 기하학적 사진

으로 추상된 사진[그림 2-22], 전통에 어긋나는 비대칭적인 사진 등 당시로서는 혁신적이고 독창적인 사진들이 등장하게 되었다.

2.3.3 라즐로 모홀리 나기의 기초조형교육

　라즐로 모홀리 나기가 바우하우스에 부임한 것은 1923년 바이마르 바우하우스 시대였다. 그는 기초교육과정에서 구성, 균형, 공간 등의 학습을 통해서 조형적인 감각과 사고력을 기르고자 하였고, 여러 예술 장르를 넘나들며 오늘날 융합교육의 형태를 시도한 교육가이자 예술가였다. 그는 시각 이미지와 문자언어의 통합적 사고를 비롯하여 예술 간의 통합적 결합을 추구하였고, 특히 시각예술의 개념을 더욱 확장하였다. 그리고 디지털 문화의 가능성을 미리 인식하고 기초조형에 적용하고자 노력하였다. 그가 당시 주목한 것은 사진의 조형적 요소들이다. 하지만 그가 바우하우스에 부임할 당시 사진 연구 프로그램은 전혀 없는 상태여서 정식으로 사진과목은 개설되지 않았지만 그를 중심으로 동호회 형식이긴 하지만 사진을 이용한 다양한 조형적 실험이 이루어졌다.

그는 디자인의 낡은 개념과 교육에서 탈피하고자 노력하였으며 새로운 재료, 기법, 교육에 관한 많은 실험을 시도하여 디자인 조형교육에 많은 영향을 끼쳤다.

라즐로 모홀리 나기는 바우하우스에 부임 후 1928년까지 조형교육을 맡았고 사진 및 영화를 새로운 조형수단으로 활용하여 새로운 실험을 전개했다.

특히 사진을 통하여 예술가의 의도를 드러내고, 새로운 매체로서의 가능성을 실험하였다. 수많은 입체적·구조적 조형물을 사진으로 나타내는 접근방법은 당시에는 획기적인 시도였다. 사진의 이론적 고찰은 물론 다중노출[6], 포토그램(photogram)[7], 포토몽타주(photomontage)[8], 근접촬영 등 다양한 사진적 기법을 개발하였다. 그가 보기에 사진은 '새로운 시각'이라고 불렀던 것을 습득하도록 눈을 훈련시키는 최고의 수단이었다.

따라서 라즐로 모홀리 나기는 사진적 시각에 집중하였다. 그래서 그는 사진적 시각을 과학적으로 분석하여 그 본질을 밝히고 사진적 표현의 구체적 방법을 제시하였다. 특히 카메라라는 기계의 도움을 받지 않고 촬영하는 포토그램은 외부에 존재하는 사물에 의해 표현되는 방법이 아니라 완전히 작가에 의해 컨트롤(control)되어 생산되는 작가의 잠재적인 내면세계의 표현이었다. 또한 포토몽타주는 시간, 공간이 다른 여러 시·공간이 결합된 동시적 재현의 표현으로 상상적 영역과 사실적 영역의 두 가지 표현이 가능한 획기적인 표현수단이었다. 이렇게 그는 사진의 시각적 잠재기능을 개발하여 사진이 의사전달의 중요한 수단으로 사용되도록 하였고, 사진적 시각의 잠재기능을 다음의 8가지로 분류하였다.[9]

1. 빛에 의해 직접 형태구성이 이루어지는 추상적인 관찰(photogram)
2. 사물의 외관을 객관적으로 정착시키는 정확한 관찰(reportage)
3. 순간적인 동작이나 운동을 정착시키는 신속한 관찰(snapshot)
4. 시간을 오래 끌어 운동을 정착시키는 원만한 속도의 관찰(장노출)
5. 사진의 감광면에 화학적 구성의 변화를 일으켜 사진술의 잠재능력을 증폭시킴으로써 정착되는 관찰(마이크로, 필터, 적외선 사진 등)

[6] 다중노출: 한번 노출되었던 단일 프레임이 여러 번 재노출을 받아 결과적으로 한 프레임안에 여러 영상이 겹치게 되는 사진기법

[7] 포토그램: 감광재료(인화지, 필름)와 광원 사이에 직접 투명, 반투명, 불투명한 피사체를 올려놓고 노광시킨 후 인화지 위의 잠상을 현상해 그림자 같은 영상을 만드는 사진 또는 표현기법

[8] 포토몽타주: 여러 장의 사진을 조립하여 새로운 이미지의 사진을 만드는 기법, 사진만 이용하는 것이 아니라 글씨, 그림을 덧붙이는 것도 포함한다. 보통 합성사진을 말하기도 함.

[9] 정찬경, 기초조형교육을 위한 사진의 활용방안, 경북대학교 석사학위논문, 2007, p.12

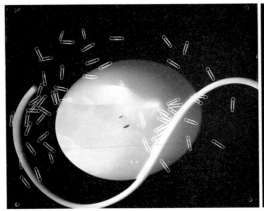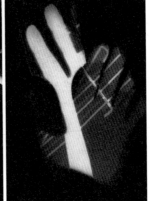

[그림 2-23] 포토그램

[그림 2-24] 포토몽타주

6. 방사선의 방법에 의한 투시적인 관찰

7. 투과시키거나 중복 노출에 의한 동시적 관찰

8. 왜곡과 굴절에 의한 관찰

그는 사진을 시각적인 인식과 더불어 시각적인 정보전달이라는 새로운 단계까지 이끌어내었다. 또한 상징적 표현 등 사진이 표현할 수 있는 여러 가지 방법들을 다각도로 모색하였다. 이러한 조형적 접근방법은 학생들에게 재료와 소재에 대한 경험으로부터 그 가공기술의 문제로 발전되고 더욱이 입체를 통한 공간감각과 더불어 공간디자인을 계획하는 단계로 승화시키는 데 유용한 수단이 되었다.

이렇게 라즐로 모홀리 나기는 사진을 활용한 조형적 실험들을 통하여 새로운 디자인 방법들을 시도하였지만 교육적 적용에 대한 연구나 자료는 거의 없는 실정이다. 또한 그가 예비과정에서 강의한 것도 사진작업이나 기술지도가 아니라 기초조형에 대한 과학적인 접근방법과 사물에 대한 새로운 인식에 관한 것이었다. 단지 사진은 조형교육을 위한 수단으로 활용하였다. 하지만 그의 사진적 실험들에 대한 고찰은 공간디자인 교육에서 조형요소들을 이해하고 적용하는 데 중요한 단서를 제공해 준다고 볼 수 있다.

2.3.4 공간디자인의 기초조형 요소

공간을 형성하는 요소는 복잡하고 그 구성방법도 다양하다. 공간디자인은 먼저 형태의 본질을 분명히 파악하여 그 구성방법의 기초를 이해하는 것이 효과적이다.

기초디자인이란 디자인을 하기 위한 디자인의 기초가 아니라 독립된 장르로서 디자인의 발상 능력과 높은 미적 감성, 즉 디자인적 감각을 키워 주는 개념이다.

공간디자인을 디자인과 공학의 복합 영역으로 본다면 디자인 영역에서 그 의미가 가장 중요한 부분이 조형성에 대한 것이다. 조형성은 디자인에서 가장 기초적인 구성요소이기 때문이다. 특히 시대의 흐름과 함께 인간의 시각적인 욕구와 매체가 더욱 발전하면서 시각적인 조형 접근이 더욱 다양화되고 체계화되어 가는 것을 볼 수 있다.

따라서 공간디자인 교육 프로그램은 기초조형 프로그램에 근거를 두고 있는데, 예를 들면 점, 선, 면의 구성, 밝음과 어두움의 명도, 합리적인 구도, 형태와 질감, 원근법, 콜라주, 스토리텔링, 미적 지각 등이 있다. 기초디자인 교육 프로그램을 정리하면 다음과 같다.

(1) 점, 선, 면

바우하우스의 발터 그로피우스와 라즐로 모홀리 나기가 편집한 《바우하우스 총서》 제9권에서 '점, 선, 면'에 대한 개념이 잘 설명되어 있다. '점, 선, 면'은 주로 바실리 칸딘스키의 연구를 이론적 배경으로 하고 있다. 이 책에서 점, 선, 면은 공간을 구성하는 가장 기본적인 개념에서 출발하는데, 구성의 기본 단위는 점, 선, 면이다.

모든 형태의 근원은 점이다. 한 개의 점은 위치를 가리키며 길이도 없고 넓이도 없으며 면적을 차지하지도 않는다. 점은 주위의 시선을 이끄는 요소가 되기도 한다. 이 경우 점은 더욱 가시성을 높이기 위하여 더 크고 자유스러운 주위 공간을 필요로 하게 된다. 따라서 배경이 되는 면과의 관계는 매우 중요하다.

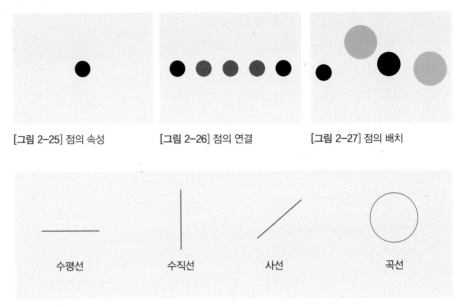

[그림 2-25] 점의 속성 　　[그림 2-26] 점의 연결 　　[그림 2-27] 점의 배치

| 수평선 | 수직선 | 사선 | 곡선 |

[그림 2-28] 선의 요소

　　또한 면 속에서 다른 크기의 점들과의 관계에 따라 다양한 공간이 연출된다. 면 또는 공간에 1개의 점이 주어지면 그 부분에는 시각적인 힘이 생기고 점은 면이나 공간 내에서 안정되어 보인다. 여기에 1개의 점이 더 주어지면 서로 끌어당기는 시각적인 힘과 선이 발생한다. 또한 점이란 선의 시작이자 끝이며 두 개의 선이 만나거나 엇갈리는 교차지점이다. 가장 간결한 형태인 점은 내적, 심리적으로 겸손과 자제를 의미하기도 한다.

　　두 개 이상의 점을 연결하면 선이 된다. 선은 길이를 갖고 있으며 위치와 방향을 갖는다. 선은 조형적 기능 외에도 의미를 전달하는 기능으로도 사용된다. 가장 기본이 되는 선은 직선이다. 직선은 무한한 움직임의 가능성을 지닌 가장 간결한 형태이다. 이 움직임에 의해 방향이 결정된다. 직선의 가장 단순한 형태는 수평선(horizontal line)이다. 이것은 움직임의 가능성 중에 차가움과 냉정함을 상징하는 가장 간결한 형태를 가지고 있다. 수평선에 직각 상태로 위치하고 있는 것이 수직선(vertical line)인데, 따뜻함을 상징하는 가장 간결한 형태를 가지고 있다. 사선은 차가움과 따뜻함을 동시에 지니고 있는 형태가 된다.

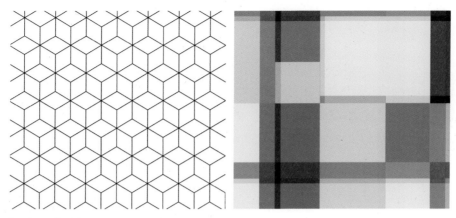

[그림 2-29] 면의 요소

　점이 연속되어 만들어지는 선은 면의 경계를 형성한다. 선은 조형요소에서 제일 먼저 구체적으로 사용되는 역할을 하며 점보다 심리적으로도 강한 효과를 나타낸다. 직선은 강직하고 곡선은 우아하고 부드러운 느낌을 나타낸다. 선들은 조형적인 목적으로 선택하고 다시 재구성되기도 한다.

　세 개 이상의 점이 연결되면 2차원적 요소의 모양인 면이 된다. 조형에서 면은 길이와 넓이는 있으나 깊이가 없고 형과 같은 의미로 취급된다. 형은 도형이 되기도 하고 배경이 되기도 한다. 또한 면은 선의 외부 한계를 나타내며 공간을 구분하는 기본 요소이다. 바닥과 벽면, 천장은 면으로 되어 있고 여기에 점의 요소(조명, 커텐, 가구 등)가 더해져 공간을 구성한다.

(2) 명도(빛)

　명도는 밝고 어두움의 차이를 시각화하는 것으로 미술가는 빛과 어둠의 대비를 통해 조형적 표현을 한다. 명도의 대비가 없으면 선이나 형을 지각하기 어렵고 조형 패턴이 의도하는 바를 알기가 어려워진다. 공간디자인에서 명도는 톤의 대비를 통하여 공간에 깊이감을 주는 요소로 작용하기도 하며 실루엣의 강한 효과를 이용하여 강한 인상을 주기도 한다.

[그림 2-30] 깊이감을 주는 명도 대비   [그림 2-31] 실루엣을 통한 명도 대비

(3) 구도

구도는 그림에서 모양, 위치, 색상 등의 짜임새를 말하며, 여러 가지 요소에 따라 구성되는 하나의 결합체이다. 구도는 한 이미지의 서로 다른 부분들을 그 이미지 영역의 범위 안에 의식적으로 배열하였을 때 나타나는 결과이며, 화면을 구성하는 여러 가지 요소의 형태는 개개의 요소를 기본으로 하여 전체와의 관계를 검토하고 전체와의 관계에서 개개를 검토한 다음 결정하게 된다.

(4) 형태

형(shape)이 어떤 형체의 윤곽이라면 형태는 그러한 형으로 된 윤곽, 내부요소, 구조요소를 가지는 본질적 모습이다. 보통 2차원에서 나타나는 모양을 형(shape)이라 하고 3차원에서는 형태(form)라고 하지만, 2차원과 3차원 모두 형이라는 용어를 사용한다. 인간이 조형을 어떻게 하든지 형태는 대자연 속에 무수히 많이 존재하고 있다. 동물의 형태나 식물의 형태, 광물의 형태 등 자연물에서 얻어지는 수많은 형태는 유기적인 형태라고 하고, 도구를 사용하여 인위적으로 디자인된 형태는 기하학적 형태라고 한다.[10]

---

10 김홍기, 건축조형 디자인론, 기문당, 2007, p. 35.

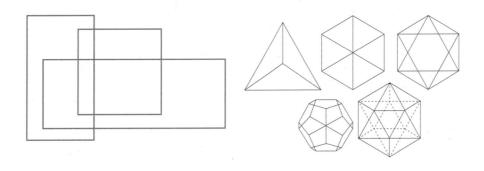

[그림 2-32] 구도   [그림 2-33] 형태

(5) 질감

질감은 디자인에 사용된 재료의 표면성격에 관한 것이다. 질감은 물체가 촉감의 경험으로 얻어진 느낌을 시각을 통하여 그 물체의 재질에서 오는 표면의 시각적인 특징을 인식하는 것이다. 질감에는 구조적인 재질을 알 수 있는 촉각적 질감과 외적으로 나타나는 표면을 알 수 있는 시각적 질감으로 분류한다. 질감의 효과는 빛에 의해 만들어지므로 명암효과에 따라 여러 가지 다른 느낌을 전달하며 거리감에 따라 전혀 다른 모습으로 연출된다.

[그림 2-34] 질감

[그림 2-35] 크기에 의한 원근법   [그림 2-36] 중첩에 의한 원근법   [그림 2-37] 공기원근법

[그림 2-38] 선원근법   [그림 2-39] 과장원근법   [그림 2-40] 다각원근법

(6) 원근법

사실적이고 입체감 있는 공간 표현을 하기 위한 방법 중 대표적인 것이 원근법이다. 깊이감을 나타내는 방법은 여러 가지가 있는데 크기나 중첩을 통해서 공간감이나 거리감을 주로 표현한다. 사선을 지평선에 집중시켜 원근감을 나타내기도 하고 명암을 여러 단계로 층을 이루게 하거나 가까운 것을 크게, 먼 것을 작게 그려서 원근감을 표현하기도 한다. 이런 방법에는 공기원근법, 선원근법, 과장원근법, 다각원근법 등이 주로 사용된다.[11]

[11] 데이비드 라우어, 이대일 옮김, 조형의 원리, 미진사, 1993, pp. 93~119.

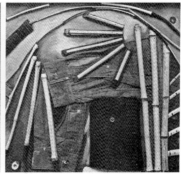

[그림 2-41] 콜라주

(7) 콜라주

콜라주는 '풀로 붙이거나 바르다.'라는 뜻의 프랑스어 콜레(coller)에서 유래된 말로, 천이나 인쇄물, 나뭇조각, 모래 등 각종 재료를 캔버스나 패널 같은 평면에 붙여서 사용하는 회화기법이다.

(8) 스토리텔링

스토리텔링 기법은 이야기와 시나리오를 통하여 문제를 구성하고 해결하는 것을 말한다. 디자인 분야에서 이야기는 디자인 요구를 보다 명확히 하며 디자인의 피드백을 가능하게 하는 효용한 도구로 사용된다.

(9) 미적 지각

지각이란 인체의 감각기관을 통해 대상의 정보들을 감지하고 받아들여 그것이 무엇인지 파악하고 분석하는 것이다. 미적 지각이란 심리적 관점에서 어떤 대상과 인간의 미의식이 만날 때 생겨나는 감정이다. 자신의 감정을 대상에 비춰 보고 그것을 다시 자신의 내면의 세계로 받아들여 대상을 파악하는 과정이라고 할 수 있다. 따라서 미적 지각은 과거의 경험 혹은 기억과 사물을 관찰하는 시각이 중요한 요소로 작용한다.

2.3.5 사진의 기초조형 요소

12 솔라리제이션: 사진에서 노출이 극단적으로 과도한 경우, 현상 후 적정노출의 경우와 흑백이 반전되어 나타나는 현상, 또는 이 현상을 이용하여 특정한 사진 효과를 나타내는 기법

바우하우스의 라즐로 모홀리 나기는 사진의 조형적 가능성을 제시하였다. 그는 포토그램, 포토몽타주, 솔라리제이션(solarization)[12], 독특한 앵글, 광학적 왜곡현상, 다중노출 등 사진적인 시각을 넓혀서 그 시대의 사회적 이슈를 부각시키고 표현하는 많은 방법들을 찾아내었다. 공간디자인을 조형예술로 접근하듯이 사진에서도 다양한 조형적 접근이 가능한 것이다. '대상물을 어떻게 다루고 사진으로 표현할 것인가?' 라는 것이 사진의 조형성이다. 사진에서 조형요소는 이미지를 형상화시키는 요소라고 할 수 있다. 이미지를 형상화시키는 요소들을 결합하여 재현적인 이미지나 기능적인 의미 또는 표현적인 의미 등을 표현할 수 있다. 이러한 조형성을 나타내기 위한 구체적인 요인으로 점, 선, 면, 톤, 프레이밍(구도), 형(형태), 클로즈업, 원근감, 포토몽타주, 포트폴리오, 사진의 각도 등이 있다.

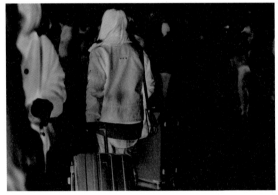

[그림 2-42] 솔라리제이션

(1) 점, 선, 면

사진의 요소 중 가장 기본적인 것은 점이다. 점은 전체 이미지에서 아주 작은 부분에 불과하지만 이미지의 배경과 여러 가지 관계를 이루기 때문에 중요한 요소 중 하나이다. 사진에서 점의 위치와 크기는 아주 중요하다. 점의 위치나 크기에 따라 균형이 달라지기도 하고, 배경과의 관계에 따라 여러 가지 심리적 관계들이 형성되기도

[그림 2-43] 점의 요소

[그림 2-44] 선의 요소

한다. [그림 2-43]은 한 개의 점의 요소로, 시선을 이끄는 요소로 작용한다. 단순화된 주변의 배경은 한 개의 점의 가시성을 더욱 돋보이게 하는 역할을 한다. 또한 화면 가장자리에 위치한 점의 요소에서 비워 있는 배경으로 시선을 움직이게 하여 사진에서 표현하고자 하는 동적인 움직임을 더욱 부각시키는 효과를 연출하고 있다.

사진에서 선은 많은 암시성을 가지고 있다. 선의 시각적 특징은 점에 비해 매우 강렬하다.

[그림 2-45] 면의 요소

선은 점과 마찬가지로 정적인 느낌을 주기도 하지만, 길이와 방향에 따라 방향성과 역동적 느낌을 전달하기도 한다. 또한 사진에서 선은 깊이감을 주는 요소로도 많이 작용한다. [그림 2-44]는 선의 요소가 사선으로 표현되어 동적인 느낌이 잘 나타난 사진이다. 정면에서 찍은 사진은 정적인 느낌이 연출되지만 이렇게 측면에서 촬영하면 방향성이 생겨나 동적인 느낌을 만들게 된다. 전체 구도에서 보여지는 수평선과 수직선은 안정적인 느낌을 주어 전체적으로 방향성과 깊이감을 연출하면서도 안정적인 구도를 연출하고 있다.

면은 연속적인 선에 의해 만들어진다. 면은 보통 사물의 일반적인 테두리를 이루는 구성요소이며 그것에 의해 형태가 형성된다. [그림 2-45]는 가로, 세로로 확장된 프레임에 의해 면이 생성된 사진이다. 테두리의 경계가 명확히 인지되며 패턴으로 읽히기도 한다.

(2) 톤

사진은 밝은 톤과 어두운 톤, 중간 톤의 명도를 합친 톤에 의해 성립된다. 톤은 강약이나 짙고 연함을 말한다. 밝고 어두운 톤에 따라 사진의 느낌은 확연히 다르다.

[그림 2-46] 하이키(high key) 사진

[그림 2-47] 로우키(low key) 사진

[그림 2-48] 톤의 대비에 의해 느껴지는 원근감

밝은 톤에서는 가볍고 경쾌함, 어두운 톤에서는 무겁고 중후함을 느낀다. 사진에서는 하이키(high key)[13]와 로우키(low key)[14]의 기법이 주로 사용된다. 또한 톤의 강한 대비는 원근감을 느끼는 요소가 되기도 한다.

(3) 프레이밍(구도)

프레이밍은 어떤 대상을 카메라의 파인더 틀에 부분적으로 표현하고자 하는 공간을 만드는 것이고 그로써 성립되는 것이 구도이다. 사진은 화면을 구성하는 방법에 있어서 카메라의 뷰파인더를 이용해 대상을 선택한다. 전체 풍경에서 어느 부분을 자르고 어느 부분을 첨가해야 하는지 현장에서 선택하고 결정하여야 한다. 프레임과 어떤 특정한 대상과의 사이에 의도적으로 공간을 만들어 넣거나 대상을 프레임에 꽉 채워서 넣을 수도 있다. [그림 2-49]는 원두막에 있는 아이들 사진인데 ①번은 인물 위주의 프레임이고, ②번은 인물과 원두막을 암시하는 신발을 함께 프레임에 담았다. ②번의 사진이 원두막 속 아이들이라는 메시지를 훨씬 정확하게 전달한다.

[그림 2-49] 프레이밍 사진

13 하이키: 전체적인 이미지에서 명도를 밝게해 이미지 내의 명암분포에 있어 밝은 부분이 많도록 연출하는 기법

14 로우키: 하이키와 반대로 적정노출보다 더 어둡게 촬영하여 어두운 부분이 많도록 연출하는 기법

(4) 형(형태)

형은 이미지를 구체화시키고 체계화하는 요소이다. 형은 외곽을 한정짓는 색상과 명암의 변화와 이를 둘러싸는 선들로 이루어지는 시지각의 영역이다. 평면의 형은 선의 변화에 따라 형성되고, 입체의 형은 면의 변화에 따라 형성된다. 선이 시선을 유도하는 데 목적이 있다면, 형태는 이미지를 체계화하는 것이 목적이다.

(5) 클로즈업(close-up)

카메라 렌즈의 시각은 대상을 매우 정밀하게 묘사하는 능력을 가지고 있다. 렌즈의 시각은 인간의 시각보다 더욱 객관적이고 정확하다. 사진은 이러한 특징을 표현수단으로 삼아 사진적 조형예술의 한 방법으로 많이 사용하기도 한다. 질감을 사진으로 표현할 때는 사물의 디테일을 통해 시각적으로 느껴지는 촉각적 인식을 넘어대상체의 재질감 혹은 존재감과 함께 복합적인 내면의 의미와 본질을 보여 주는 도구로 사용한다.

[그림 2-50] 클로즈업에 의한 질감 표현

(6) 원근감

사진은 피사체[15]와 카메라 렌즈거리, 렌즈의 종류에 따라 원근감 표현이 가능하다. 망원렌즈나 광각렌즈 등 렌즈의 종류에 따라 표현되는 원근감을 '물리적 원근'

15 피사체: 사진을 찍는 대상이 되는 물체

[그림 2-51] 원근감이 표현된 사진

이라고 하고, 배치와 구도에 따라 표현되는 원근감을 '심리적 원근'이라고 한다. 사진은 물리적 원근보다는 심리적 원근을 많이 사용한다.

　[그림 2-51]은 원근감이 표현된 사진이다. 왼쪽 사진은 망원렌즈를 사용하여 물리적으로는 먼 거리가 심리적으로 가깝게 보이도록 표현하였고, 오른쪽 사진은 전경과 후경의 인물배치로 실제 거리보다 훨씬 멀게 원근감을 표현하였다.

(7) 포토몽타주(photomontage)

　포토몽타주는 쉽게 설명하면 합성사진이다. 동일화면 내에 2개 이상의 사진이나 이미지를 합성해서 표현하는 기법을 의미한다. 이것은 1차 세계대전 이전에는 사용하지

[그림 2-52] 포토몽타주

않았는데 콜라주를 만드는 과정에서 등장했고, 주로 사회 풍자적 표현을 위해 사용하였다. 포토몽타주라는 용어는 1916~1917년 베를린의 다다이스트들에 의해 시작되었다. 포토몽타주는 시간과 공간이 다른 여러 장의 사진을 한 화면에 표현하게 되어 다시점과 같은 복수의 시점도 표현이 가능하게 되었고, 사진이 가지고 있는 시공간적 한계와 시각적 한계성을 확장시켜 새로운 시각의 사진표현도 가능하게 되었다.

(8) 포트폴리오

포트폴리오는 여러 장의 사진을 테마별로 조합하여 이야기로 전달하는 사진표현의 한 수단이다. 조합하여 묶었다는 의미에서 조사진, 엮음사진이라고도 한다. 주로 자신이 전하고자 하는 메시지를 분명하게 표현하고자 할 때 사용하는 것으로, 사진을

[그림 2-53] 연작사진(포트폴리오)

주제별 혹은 테마별로 한 묶음으로 엮어서 표현한다. 한 장의 사진은 시간적, 공간적으로 표현의 한계가 있다. 이것을 여러 장의 사진으로 표현하면 단일 시공간을 뛰어넘어 시공간의 영역이 확장된다. 이렇게 여러 장의 사진으로 표현하는 포트폴리오는 단순한 시공간의 물리적 한계를 넘어 사고와 다양한 표현방법도 가능해지는 것이다. [그림 2-53]은 아파트 발코니에서 우연히 찍은 사진으로, 사진의 찍은 순서를 바꾸어 이야기를 구성하였다. '비둘기의 사랑'이라는 스토리를 만든 사진인데, 처음 만난 비둘기가 '어색한 대화를 하다가 사랑에 빠진다.'라는 설정을 정한 후 사진의 순서를 재배열하여 스토리에 맞게 표현하였다. 사랑이라는 관념적 개념은 한 장의 사진으로는 표현이 어렵지만 이렇게 여러 장의 사진을 통하여 상황을 조합하여 표현이 가능해지는 것이다.

(9) 사진의 각도, 방향

사진의 조형적 느낌은 촬영할 때 피사체를 바라보는 위치에 따라 아주 달라 보인다. 매우 두드러진 촬영 각도는 어떤 의미를 내포하기도 한다. 사진은 각도에 따라 평면화되어 패턴으로 읽히기도 하고 거대해지거나 왜소해지기도 한다.

로우 앵글(low-angle)은 카메라의 렌즈를 피사체보다 낮게 설정하여 대상물을 높게 촬영하는 것으로, 실제보다 힘이 있고 웅장한 느낌이 들어 과장적 메시지를 전달할 때 주로 사용한다. [그림 2-54] 그림 참조.

하이 앵글(high-angle)은 카메라의 렌즈를 피사체보다 높게 설정하여 대상물을 아래로 촬영하는 것으로, 실제보다 낮고, 작고, 축소되고 초라한 느낌을 준다. 주로 겸손하거나 얌전, 때로는 귀여운 메시지를 전달할 때 촬영하는 기법이다. 또한 바닥의 수직각 위에서 촬영하면 대상체의 입체감이 사라져 [그림 2-55]의 왼쪽처럼 조형적으로 패턴(pattern)으로 보이기도 한다. [그림 2-55]의 오른쪽은 발레리나의 모습이 만개한 꽃을 연상하게 한다.

이러한 각도의 효과는 피사체의 본질적인 모습을 탈피하여 또 다른 느낌을 전달하기도 한다. 하이 앵글은 주제와 함께 프레임 안의 다른 정보를 더 보여 주고, 로우 앵글은 주제를 더욱 부각시키는 데 적합하다.

[그림 2-54] 로우 앵글

[그림 2-55] 하이 앵글

(10) 중첩

중첩은 사진에서 거리감의 표현이나 두 개 이상의 다른 대상이 겹쳐져 새로운 형태나 질감을 느끼게 하는 효과를 줄 때 많이 사용한다. 사진은 2차원 평면이기 때문에 거리감이 나타나지 않는 경우가 많다. 이때 크기가 다른 사물 배치나 반영 등의 효과로 거리감을 나타내기도 한다.

[그림 2-56]은 덕수궁 건물에 한국 고궁의 역사에 대한 동영상을 중첩시켜 실제 고궁과 가상의 고궁이 합쳐져 새로운 느낌을 전달한다.

[그림 2-57]은 서로 다른 두 개의 질감(물 + 보도블록)이 오버랩되면서 새로운 질감을 느끼게 하고, [그림 2-58]은 금속에 반사된 반영이 중첩되어 새로운 형태를

[그림 2-56] 건물과 영상이 중첩된 사진

[그림 2-57] 질감이 중첩된 사진

[그림 2-58] 반영이 중첩된 사진

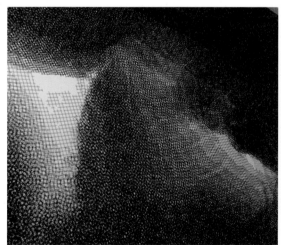

[그림 2-59] 사물이 중첩되어 새로운 형태를 만든 사진과 우연히 중첩되어 새로운 이야기를 만드는 사진

[그림 2-60] 중첩에 의해 원근감이 나타나는 사진

만들어낸다.

[그림 2-59]는 여러 겹의 철물들이 중첩되어 겹쳐진 것으로 앞에서 보면 여인의 모습이 나타난다. 우연히 그 앞을 지나던 남성의 실루엣과 또 한번 중첩되면서 묘한 분위기를 연출하였다.

[그림 2-60]은 유리에 비친 사물과 유리를 투과한 사물이 중첩되면서 원근감이 나타나는 사진이다.

2.3.6 공간과 사진의 기초조형교육에서의 연관성

디자인에 있어서 기초조형교육의 목적은 디자인의 기본을 이해하고 각각의 기초적 요소를 연결하여 디자인을 응용하고 적용하는 것이다. 디자인은 시각적인 관찰뿐만 아니라 청각, 촉각, 후각, 미각 등의 모든 감각을 포함하여 창의적인 표현이 되어야 한다. 따라서 관찰과 창의적인 표현을 활용한 교육은 매체의 다양한 접근방법을 통해 디자인적 사고방식을 훈련할 수 있는 좋은 수단이 될 것이다. 그리고 공간디자인은 공간의 여러 가지 복합적 연관 관계를 읽어 내는 심리학적 접근이 필요한데, 이것은 사진이 사물을 읽어 내는 과정과 연관성이 크다고 볼 수 있다.

점, 선, 면은 공간조형과 사진조형에서 특징이 거의 비슷하지만, 공간조형에서는 개념 위주로 접근한다면 사진조형에서는 심리적인 요소와 배치의 관계가 중요하다. 따라서 공간디자인 교육에서 사진조형을 통해 좀 더 효과적인 접근이 가능하다.

명도는 공간조형에서 밝고 어두움의 명암의 대비를 통하여 시각적으로 명료한 이미지를 제공하지만, 사진조형에서는 다양한 분위기를 창출하는 방법으로 사용할 수 있다. 톤의 강약조절에 따른 하이키와 로우키의 연출, 또는 명암대비를 통한 원근감 표현(공기원근법), 또는 실루엣을 통한 영화 같은 극적인 장면의 연출이 가능하다.

구도는 공간조형과 사진조형에서 약간 다르다. 공간조형에서 구도는 주로 회화의 구도를 말하는데 회화의 구도는 화면에서 독립된 구도를 만드는 것이 가능하지만, 프레이밍된 사진조형에서의 구도는 전체 공간에서 프레임 안으로 들어가는 일부분이므로 화면 밖의 세계와 연속하여야 하고 다시 밖의 공간이 끊임없이 화면의 요소와 연관되어 있다.

형태는 공간조형이 외부의 윤곽을 주로 언급한다면, 사진조형에서는 공간 안에서 가장 기초적이고 근본적인 형태를 찾아내는 요소로 작용한다.

공간조형과 사진조형의 질감은 대상을 클로즈업된 상태로 표현한다. 클로즈업은 우리가 평소 지각하고 있는 공간적인 의미를 넘어 다른 감정적 시점을 존재하게 한다. 내면의 세계를 비롯한 육안에서 관찰되지 않는 시각적 공간을 경험하게 한다.

원근법은 공간조형이 주로 투시도에 의존한다면, 사진조형에서는 명암의 대비나 렌즈의 왜곡에 의해 표현된다. 그리고 공간조형과 사진조형은 공간의 연출기법에 따라 원근 감을 느끼게 하는 여러 기법들이 있는데, 공기원근법, 선원근법, 과장원근법 등이 있다.

공간조형의 콜라주와 사진조형의 포토몽타주는 거의 같은 개념이며 표현방법 또한 비슷하다. 하지만 포토몽타주는 사진이라는 재현적 특성으로 인해 상상력의 표현이지만 좀 더 사실적인 접근이 필요하다.

공간조형의 스토리텔링은 사진조형에서 같은 개념이지만 포트폴리오라고 표현한다. 스토리텔링이 글만으로도 표현이 가능하다면, 포트폴리오는 사진과 글, 또는 사진만으로도 표현이 가능하다.

공간조형에서 미적 지각은 사진에서 주로 사진의 각도와 방향을 통하여 표현되지만 프레이밍이나 클로즈업, 중첩의 효과로도 표현이 가능하다. 사진의 각도나 방향도 주로 미적 지각을 위한 것이지만 공간조형의 원근법과 같은 단순한 표현을 하는 방법으로 사용되기도 한다.

사진의 중첩은 여러 가지 표현이 가능하다. 두 개의 오버랩된 형태가 새로운 형태를 만들기도 하고 새로운 질감을 만들기도 한다. 또한 반영이나 다중촬영처럼 중첩된 사진은 원근감을 표현하기도 한다. 그리고 중첩을 통해 대상 밖에 숨어 있는 내면의 세계나 우연적인 사건 등을 표현하기도 한다.

공간에서의 기초조형과 사진에서의 기초조형을 상호관계를 비슷한 특성을 갖고 있는 요소끼리 연결하여 비교하여 정리하면 [그림 2-61]과 같다. [그림 2-62], [그림 2-63]은 서로 연관된 내용의 특성들을 비교하여 정리하였다.

공간디자인 교육 (기초조형교육)

공간조형	사진조형
점, 선, 면	점, 선, 면
명도(빛)	톤
구도	프레이밍
형태	형(형태)
질감	클로즈업
원근법	원근감
콜라주	포토몽타주
스토리텔링	포트폴리오
미적 지각	사진의 각도 / 방향
	중첩

공간과 사진의 기초조형교육에서
연관성 찾기

[그림 2-61] 공간조형과 사진조형의 연관성

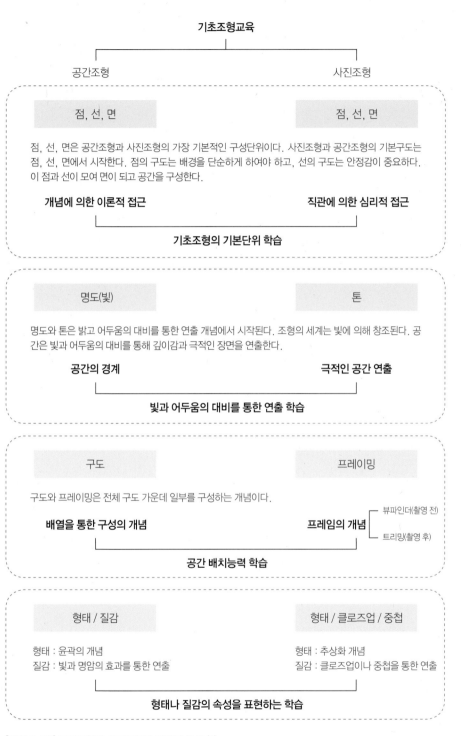

기초조형교육

공간조형   사진조형

점, 선, 면   점, 선, 면

점, 선, 면은 공간조형과 사진조형의 가장 기본적인 구성단위이다. 사진조형과 공간조형의 기본구도는
점, 선, 면에서 시작한다. 점의 구도는 배경을 단순하게 하여야 하고, 선의 구도는 안정감이 중요하다.
이 점과 선이 모여 면이 되고 공간을 구성한다.

개념에 의한 이론적 접근   **직관에 의한 심리적 접근**

기초조형의 기본단위 학습

명도(빛)   톤

명도와 톤은 밝고 어두움의 대비를 통한 연출 개념에서 시작된다. 조형의 세계는 빛에 의해 창조된다. 공
간은 빛과 어두움의 대비를 통해 깊이감과 극적인 장면을 연출한다.

공간의 경계   **극적인 공간 연출**

빛과 어두움의 대비를 통한 연출 학습

구도   프레이밍

구도와 프레이밍은 전체 구도 가운데 일부를 구성하는 개념이다.

배열을 통한 구성의 개념   **프레임의 개념**
            ─ 뷰파인더(촬영 전)
            ─ 트리밍(촬영 후)

공간 배치능력 학습

형태 / 질감   형태 / 클로즈업 / 중첩

형태 : 윤곽의 개념   형태 : 추상화 개념
질감 : 빛과 명암의 효과를 통한 연출   질감 : 클로즈업이나 중첩을 통한 연출

형태나 질감의 속성을 표현하는 학습

[그림 2-62] 공간조형과 사진조형의 연관된 특성 (1)

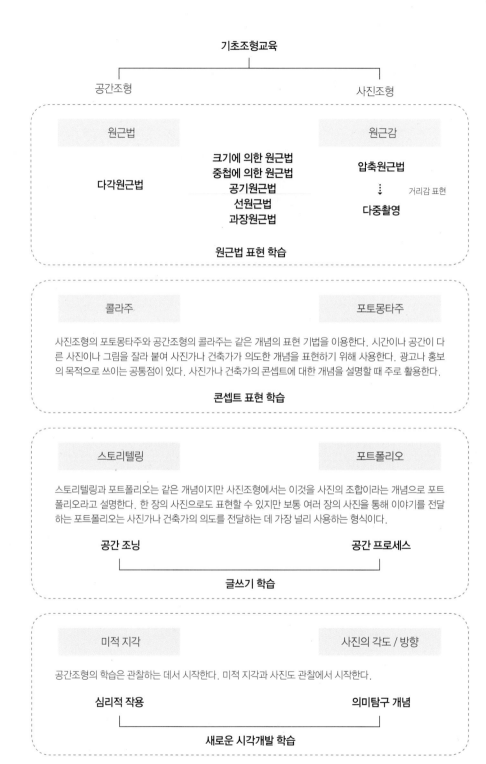

[그림 2-63] 공간조형과 사진조형의 연관된 특성 (2)

64 · 사진기법을 적용한 공간디자인의 기초조형교육

2.4
기초조형교육을 위한
사진의 역할 및 교육적 효과 ————

오늘날 사진의 역할은 가장 기본적인 개념인 '재현'을 넘어 의사전달의 대표적인 표현방법이 되었다. 또한 사진을 교육에 활용하려는 다양한 시도들이 이루어지고 있다. 그러나 아직도 사진을 교육활동을 돕는 보조수단으로 인식하고 있는 경우가 많다. 교육 자료로서 사진의 활용은 현재에도 점점 늘어가고 있다. 사진은 우리가 직접 가 볼 수 없는 공간이나 사건들, 혹은 직접 실행하기 어려운 과학실험 등을 설명하는 용도로 활용되는 경우가 많다. 하지만 사진의 교육적 역량은 좀 더 폭 넓은 범위에서 이해되어야 한다. 사진과 관련된 모든 활동, 즉 사진을 보고, 읽고, 찍고, 비평하는 과정에 대한 교육적 역할에 대하여 살펴보고 적용하는 종합적인 논

[그림 2-64] 직접 볼 수 없는 공간 사진

의가 이루어져야 한다. 특히 사진을 통한 디자인적 사고에 더욱 주목해야 할 필요가 있다.

2.4.1 비주얼 리터러시(visual literacy)

'리터러시'란 문자를 사용하여 메시지를 이해하고 만들어 낼 수 있는 능력을 말한다. 오늘날 '리터러시'는 글자를 읽고 쓰게 하거나 언어능력을 넘어 다른 사람과의

소통에 있어 여러 매체에 대한 포괄적인 커뮤니케이션을 의미하기도 한다. 최근에는 '리터러시'의 사용은 시각적 현상과 연관되어 자주 나타나는데, 특히 시각문화와 관련하여 많이 사용되고 있는 용어가 '비주얼 리터러시'이다. '비주얼 리터러시'는 두 가지 능력을 의미하는데, 첫째는 시각자료가 보여주는 의미를 이해할 수 있는 시각적 메시지의 수용능력이고, 둘째는 시각적 메시지를 사용하여 자신의 의도를 효과적이고 적절하게 표현할 수 있는 시각자료의 창작능력이다. 언어에도 문법이 있듯이 시각적 미디어에도 구조적인 문법이 있다. 시각적 미디어의 구조적인 문법이란 시각적 조형성과 미적인 의미 구조들을 말한다. 시각적 미디어의 문법을 이해하고, 해석하고, 활용하려면 '비주얼 리터러시'에 대한 학습이 필요하다.

'비주얼 리터러시'는 시각적 학습, 시각적 사고, 시각적 의사소통 등 세 가지 영역으로 구분하여 나타난다.

시각적 학습은 시각적 자료를 통해 지식을 습득하고 구성해 가는 것을 말한다. 시각적 학습을 통해 시각적으로 이미지를 읽고 해석하는 능력을 향상시키는 것이다.

시각적 사고는 형태, 선, 색깔, 질감 등에 관한 상(image)을 머릿속에서 그려 보는 것이다. 보고, 그리고 상상하는 것의 상호 작용이라고 할 수 있다. 시각적 사고는 사람의 뇌 속에서 이미지를 통해 시각화하는 것을 의미하며, 이를 통해 아이디어를 시각적으로 표현할 수 있고, 더 나아가 시각적으로 표현된 자료를 쉽게 이해할 수 있다. 시각적 사고를 하게 되면 은유적인 사고와 개념을 시각화하는 능력이 향상된다.

시각적 의사소통은 시각적 기호를 사용하여 아이디어를 표현하고 의미를 전달하는 것을 뜻한다.

따라서 시각적 기호를 해석하고 표현하는 것은 비주얼 리터러시의 중요한 요소 중 하나이며, 시각적 의사소통을 위해서는 이미지가 나타내는 기호의 형태와 내용을 이해해야 한다.

시각적 의사소통은 시각기호를 유추하고 추론하는 과정 속에서 상상력과 관찰력, 창의력이 향상되는 것이다.

이렇게 사진을 읽고 해석하는 '비주얼 리터러시'를 공간디자인 교육과정에 도입한다면 학생들은 시각적 현상들을 좀 더 쉽게 이해하고 자신이 표현하고자 하는 개념들을 사진을 통하여 잘 표현하고 전달할 수 있을 것이다. '비주얼 리터러시'의 가장 핵심적인 기능이 바로 교육적 기능이기 때문이다.

2.4.2 알레고리(allegory)

발터 벤야민은 미래의 문맹은 '글을 읽지 못하는 사람이 아니라 이미지를 읽지 못하는 사람'으로 언급하며 이미지의 중요성을 강조하였다. 특히 사진의 교육적 역량에 대하여 많은 가능성을 제시하였다. 그는 《기술 복제시대의 예술작품》에서 사진 복제가 이미지를 미학적 대상에서 의사소통을 위한 실용적 언어로 변형된다고 설명하였다. 여기서 의사소통은 의미의 생성을 뜻한다.

의미 생산 방식은 발터 벤야민의 알레고리 개념에 잘 나타나 있다.

알레고리는 그리스어로 '다르게 말하기'를 뜻하며 추상개념을 형상화시킨 것이다. 그것은 표현하고자 하는 것을 직접적으로 드러내지 않고 은유나 환유[16]를 통해 의미를 전달하는 문학적, 조형적 표현수단이다. 이것은 한 대상이나 개념을 다른 대상이나 개념의 관점에서 이해하고 경험하는 것을 포함한다.

발터 벤야민은 상징개념에 대하여 "형식과 내용이 분리될 수 없게 결합된 상태"라고 정의하며, 이러한 상징개념이 작품의 분석에서 남용되고 있다고 지적하였다.[17] 발터 벤야민은 문자로 씌어진 것은 이미지로 대신 표현할 수 있다고 보았다. 그리고 이것은 '알레고리적 문자 이미지'라고 지칭하였다. 그의 알레고리에 대한 관심은 언어적인 것이 아니라 시각적인 것이었다. 그는 사진의 기술적인 광학적 특성이 사물과의 관계를 나타내는 매개로 보았다. 그는 사진처럼 기계적인 광학적 매체만이 자연에 대한 정확한 통찰을 가진다고 보았다. 그는 기계에 의해 무의식적으로 발굴된

16 환유: 어떤 하나의 사물 또는 사실을 표현하기 위해 그것과 관련이 깊은 다른 사물을 이용하는 방법

17 발터 벤야민, 최성만, 김유동 옮김, 독일 비애극의 원천, 한길사, 2009, p.238

자연의 현상을 표현하는 사진이 사물, 즉 자연에 대한 새로운 모습을 보여준다고 생각하였다. 이처럼 사진은 인지 경험의 영역을 확장시켰다. 기계적인 광학적 매체는 우리가 인지하지 못했던 너무 빨리 움직이거나 너무 작거나 큰 사물과 풍경을 관찰할 수 있게 만들었으며 인지 경험의 영역을 확대시켰다. 그리고 사진에 이데올로기적 인식작용이 숨겨져 있다고 생각한 것이다.

발터 벤야민은 사진을 읽는 행위를 단순히 사진 속에 담긴 메시지를 해석하는 것으로 보지 않았다. 그는 사진을 사회적, 인간적 관계를 드러내는 상징적 의미뿐만 아니라 주어진 역사적 관계 속에서 사진이 어떻게 만들어지고 있는지를 해석하는 것으로도 볼 수 있다고 생각했다. 또한 그는 사진은 대중 전달적이고 기술 표현의 수단으로 사용되기도 하지만, 개인적 체험을 표현하는 수단으로서 창의성을 가지는 매체로 활용될 수 있다고 생각하였다. 이처럼 사진은 여러 표현방법을 통하여 사고를 필요로 하고 사고를 확장시키는 역할을 하게 되는데, 이것이 바로 사진이 가지고 있는 교육적 역량이라고 말할 수 있을 것이다.

2.4.3 시뮬라크르(simulacre)

과거 사진의 존재 목적은 실제[18] 존재한 대상을 증명하는 것이었지만, 이 존재 증명의 개념은 현재에 와서 표현이 많이 달라졌다. 실제 있는 그대로의 존재 증명도 있지만 사진합성 등을 통하여 실제로 존재하지 않는 존재 증명, 즉 허구이지만 사실과 같은 장면의 표현 등도 사진의 영역으로 인정하게 되었다. 이것을 들뢰즈(Gilles Deleuze)는 실재[19]를 잠재적 다양체의 개별화 또는 현실화 과정으로 풀이하고 있다. 그는 어떤 대상의 '무엇임'이 아니라 '무엇일 수 있음', 즉 그 잠재성에 가치를 두었다. 그는 실재를 잠재적인 것과 현실적인 것의 비대칭구조로 보았다.

들뢰즈는 이 가상적 실재를 시뮬라크르[20]의 개념으로 보았다.

[18] 실제: 사실의 경우나 형편이라는 뜻을 나타내는 말.

[19] 실재: 실제로 존재함이라는 뜻을 나타내는 말.

[20] 시뮬라크르: 순간적으로 생성되었다가 사라지는 우주의 모든 사건 또는 자기 동일성이 없는 복제를 가리키는 철학개념으로, 프랑스 철학자 들뢰즈가 확립한 철학개념임.

[그림 2-65] 전희성(필자)의 모험정신   [그림 2-66] 르네 마그리트의 모험정신

이 가상적 실재는 때론 현실보다도 더 실재적인 것이 되기도 한다. 이렇게 가상화를 가능하게 하는 장치가 사진이다. 들뢰즈는 플라톤의 이데아 개념을 빌려 복제본과 시뮬라크르의 차이를 설명했다. 들뢰즈의 시뮬라크르는 이데아라고 하는 원본자체를 두지 않는 복제본이다. 복제본이라는 것은 변화의 가능성이 있다. 인간의 눈은 사물을 지각할 때 각막을 통해 시신경을 거쳐 뇌로 전달되는 동안 수없이 많은 변화하는 것들을 포착한다. 하지만 학습된 지각의 결과에 따라 대상을 질서있게 정리하여 상(image)으로 인식한다. 정신이라는 고정된 눈 때문이다. 들뢰즈가 생각하는 사진의 상은 인간의 눈과는 다른 개념이다. 사람의 눈에 보이지 않는 에너지가 보이게 해야 한다. 이 에너지는 여러 기관으로 분화되기 전 원초적 감각에서 나온다. 거기에는 청각, 시각, 촉각 등 다양한 개별 감각이 들어있다. 들뢰즈의 미학은 게슈탈트 전환[21]과 연관이 있다. 예를 들면 하늘의 구름을 쳐다보고 있는데 구름이 갑자기 탱크나 비행기같이 보일 때, 보는 지각 행위의 대상인 구름의 전체 형상이 바뀌는 것을 게슈탈트가 전환된다고 말한다. 사물은 옳고 그른 것 없이 하나의 상에서 다른 상으로 끊임없이 변화하는 것이다.[22]

[그림 2-65]는 필자가 찍은 '모험정신' 사진이고, [그림 2-66]은 르네 마그리트의

[21] 게슈탈트 전환: 이미지나 형태가 변하지 않는데도 보는 사람에 따라 어떤 것에서 다른 것으로 바뀌는 것을 말함.
[22] 이광수, 사진 인문학, 알렙, 2015, pp.115~116.

'모험정신'이라는 그림이다. 필자의 '모험정신'은 르네 마그리트 '모험정신'의 시뮬라크르이다. 필자의 '모험정신'은 사진이라는 매체의 특성상 원본보다 더 실재처럼 느껴진다. 때로 사진은 우리가 사는 실재보다 더 실재 같은 복제 세계의 표상 같은 존재이다.

2.4.4 상상력(imagination)

사진은 현실의 사실적 재현이라는 기능에서 출발했지만, 오늘날 사진은 기존의 사고와 완전히 다른 인식 속에서 우리를 허구의 세계, 가상의 세계를 보여주는 수단으로 활용되는 경우가 많다. 사진은 간접 체험의 자료가 되어 상상력과 글쓰기, 인간의 사고를 형성하는 사유방식에 영향을 미치는 대표적인 수단이 되었다. 사진은 중요한 정보로 작용하여 이미지로 생각하기가 가능해졌기 때문이다. 어떠한 대상을 글로 표현하기 힘들 때 상상력을 통해 이미지를 형상화하는 데 사진은 바로 이 상상력의 매개체가 될 수 있다. 상상은 눈으로 지각할 수 있는 대상이 앞에 있을 때 더욱 더 확실하게 나타날 수 있는데, 한 장으로 표현되는 사진은 연속적으로 이어지는 영상보다 더 세밀히 관찰하는 것이 가능하기 때문이다. 사진은 전체 공간 중에서 일부분만 우리에게 보여준다. 사진은 실제로 존재하는 특정 공간과 시간 속에서 분리되어

[그림 2-67] 상상력에 의한 사진

나온 고정된 이미지로, 이러한 고정된 사진을 분석하는 것은 상상력을 높이는 데 도움을 주어 학생들의 사고 과정을 촉진시키는 매개가 될 수 있다.[23]

또한 디지털 기술의 발달로 우리가 상상하는 거의 모든 장면들을 사진 이미지로 표현하는 것이 가능해졌다. 사진합성은 머릿속 상상을 보다 손쉽게 시각화할 수 있도록 만들었다. 이제 사진은 인간의 상상력을 무한히 실현시킬 수 있는 도구가 되었다. 상상력을 실현시킬 기술적인 문제들이 더 쉽게 해결되면서 허구는 점점 현실처럼 되어 가고 있다. [그림 2-67]은 이러한 기술을 바탕으로 상상력을 현실처럼 만든 사진의 사례이다.

23 김지영, 디지털시대 사진쓰기의 의미, 한국콘텐츠학회, Vol.12 No.4, p.161

Chapter 03

사진기법이 공간디자인에 적용된 사례

1. 사진의 원근기법을 이용한 공간표현 | 2. 사진의 시점을 이용한 공간표현 | 3. 사진의 중첩기법을 이용한 재질감표현
4. 사진의 플레어 현상을 이용한 재질감표현 | 5. 사진의 실루엣기법을 이용한 시공간표현
6. 사진의 포토몽타주기법을 이용한 시공간표현 | 7. 사진의 포트폴리오기법을 이용한 시공간표현
8. 사진의 프레임을 이용한 공간표현

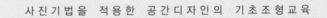

사 진 기 법 을 적 용 한 공 간 디 자 인 의 기 초 조 형 교 육

3.1
사진의 원근기법을 이용한 공간표현 ————————

3.1.1 구도를 이용한 원근표현

실제 공간은 3차원으로 되어 있지만 사진에서 공간은 2차원으로 표현되어 깊이감이나 공간감을 느끼기가 쉽지 않다. 그래서 사진에서 깊이감을 표현할 때는 근경[1]과 원경[2]을 함께 프레임에 담아 2차원으로 보이는 사진에서 거리감이 느껴지도록 표현한다.

[그림 3-1]은 먼 거리의 원경만 찍은 사진이다. 내가 서 있는 위치에서 얼마나 멀리 떨어져 있는지 거리감이 잘 느껴지지 않는다. [그림 3-2]는 근경과 원경을 한 프레임에 담아 거리감이 느껴지도록 촬영한 사진이다. 여기에 공기원근법[3]이 더해지면 2차원의 사진으로 표현한 공간에서도 거리감이 느껴지도록 표현할 수 있다.

[그림 3-3]은 가까운 근경은 선명하고 어둡게, 멀리 있는 원경은 희미하고 밝게 하여 거리감을 강조한 사진이다. [그림 3-4]는 이러한 공기원근법의 원리가 공간에 적용된 사례이다.

> [1] 근경(近景): 가까이 보이는 경치 또는 가까운 데서 보는 경치
>
> [2] 원경(遠景): 멀리 보이는 경치 또는 먼데서 보는 경치
>
> [3] 공기원근법: 공기의 작용으로 물체가 멀어짐에 따라 채도가 감소하고, 물체윤곽이 희미해지는 현상을 바탕으로 원근감을 나타내는 표현법

[그림 3-1] 원경 사진

[그림 3-2] 근경 + 원경 사진

[그림 3-3] 공기원근법 사진

[그림 3-4] 공기원근법이 공간에 적용된 사진

[그림 3-5] 근경 + 원경의 개념스케치

[그림 3-6] 클라르테 아파트

이러한 사진기법의 원리가 공간디자인에 표현되어 있는 대표적 건축가는 르 코르뷔지에(Le Corbusier, 1887~1965)와 루이스 칸(Louis Kahn, 1901~1974)이다. 르 코르뷔지에는 창을 통해 외부 풍경과 실내공간을 연결하여 공간의 깊이감을 연출하였다. 창 외부에 발코니를 설치하여 실내에서 창을 바라보면 근경의 발코니 너머 원경의 외부 풍경이 같이 보이도록 공간을 계획하였다. 특히 발코니에 수목을 배치하면 발코니에 보이는 수목의 근경과 실외에 보이는 원경의 대비로 원근감이 더욱 강조되도록 하였다.

르 코르뷔지에의 작품집에 나타난 [그림 3-5]의 스케치와 [그림 3-6] 클라르테 아파트의 사진을 보면 이러한 개념이 잘 나타나 있다.

[그림 3-7]은 르 코르뷔지에의 공간개념을 설명하는 그림이다. 사람의 시선은

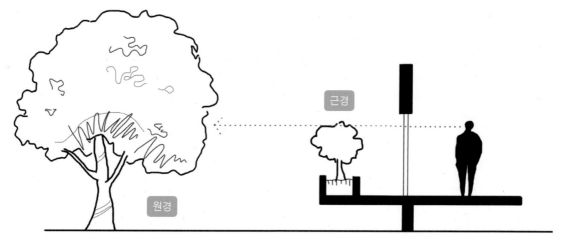

[그림 3-7] 르 코르뷔지에의 공간개념

[그림 3-8] 근경 + 원경 사진

[그림 3-9] 근경 + 중경 + 원경 사진

근경을 통과하여 원경까지 도달하여 공간의 깊이감이 강조된다.

국내에도 창가에 근경과 원경이 중첩되는 구도를 연출하고 여기에 공기원근법의 원리를 적용한 건물이 있다.

[그림 3-8]은 어린이대공원에 있는 '꿈마루'[4]인데, 창이 있는 외부 공간에 화단을 설치하여 실내에서 외부를 바라보면 근경의 화단과 원경의 풍경이 중첩되어 내부의 공간에서 창을 통해 외부를 바라보면 공간의 깊이감이 강조되어 보여진다. [그림 3-9]는 어느 음식점에서 찍은 사진이데, 근경인 창밖의 화단과 중경인 담 위의 화단, 그리고 원경인 자연의 풍경이 겹쳐지며 공간감을 강조한다.

[4] 꿈마루: 1970년 나상진이 설계한 골프 클럽하우스를 2011년 조성룡이 리노베이션한 건물

[그림 3-10] 루이스 칸의 공간개념(1)

[그림 3-11] 방글라데시 국회의사당
출처 : flickr, Naquib Hossain

　　르 코르뷔지에가 공간설계에서 중첩된 구도와 공기원근법의 기법을 창에 적용했다면, 루이스 칸은 내·외부의 전이공간에 프레임을 설치하여 원근감을 강조하였다. 루이스 칸은 화가였던 휴 페리스(Hugh Ferriss, 1889~1962)의 영향을 받아 빛과 어두움의 강한 대비가 들어간 스케치를 많이 하였는데, 이 빛과 어두움의 강한 대비는 바로 사진에서 원근감을 표현하는 대표적인 수단이다. 그는 공간에서 근경과 원경을 중첩시키고 빛과 어두움의 대비를 통해 원근감을 표현하였다.

　　[그림 3-10]은 루이스 칸의 공간개념을 그림으로 설명한 것인데, 가까운 위치에 아치 같은 오픈된 형태의 프레임을 배치하여 공간을 어둡게 하고, 먼 위치의 풍경은 빛을 받아 밝게 보이게 하는 공기원근법의 원리를 통해 거리감이 느껴지도록 하였다. [그림 3-11]은 루이스 칸이 설계한 방글라데시의 국회의사당 건물로, 외부의 전이공간에 프레임을 설치하여 근경과 원경이 함께 보여지고 근경인 실내쪽은 어둡게 하여 원근감이 극대화되어 보이도록 공간을 설계하였다. 전이공간에 설계한 프레임은 건물외피를 한 번 더 감싸는 형태로 자주 등장한다.

　　[그림 3-12]도 루이스 칸의 공간개념을 설명하는 그림이다. 프레임을 건물 외부에 설치하여 근경의 프레임을 통과한 시선이 원경까지 함께 보이며 공간의 깊이감이

강조된다. 이러한 원리는 인물 사진에도 적용되어 [그림 3-13]처럼 사람 앞에 근경의 피사체를 걸쳐 두고 촬영하면 공간감이 강조된다.

[그림 3-14]는 필자가 지도하는 설계 스튜디오에서 공기원근법과 중첩의 기법을 사용하여 원근감이 느껴지는 공간을 표현한 디자인 계획안이다. 이 공간은 한옥을 접목한 청소년을 위한 도서관 계획안이다. 조선시대 선비들이 자연을 감상하며 글을 읽던 콘셉트를 도입하였다. 한옥의 들창[5]을 통해 바깥의 풍경이 보인다. 데크에는

5 들창: 바깥쪽으로 밀어 올려 열게 되어 있는 창, 벼락닫이 창이라고 도 함.

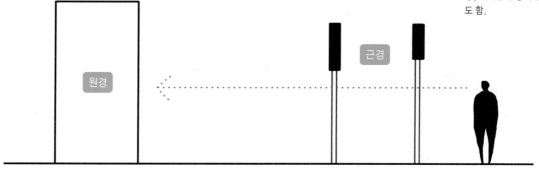

[그림 3-12] 루이스 칸의 공간개념(2)

[그림 3-13] 공기원근법과 중첩이 적용된 사진

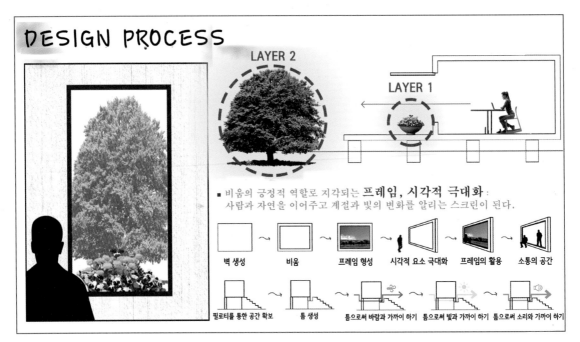

[그림 3-14]

화단을 설치하였고 창밖에는 큰 수목을 설치하여 창을 열었을 때 근경의 화단을 투과한 시선이 원경의 큰 수목과 겹쳐지며 공간의 깊이감을 강조한다. 이를 통해 공간적인 안정감과 시각적으로 극대화된 공간감을 경험할 수 있도록 계획하였다.

3.1.2 명암대비와 중첩을 이용한 원근표현

사진은 빛의 각도에 따라 드리워지는 그림자를 통해 입체감 있는 장면을 연출한다.

[그림 3-15]는 빛의 각도에 따라 변화하는 그림자를 통해 입체감이 어떻게 달라지는지를 보여주는 사진이다. 공기원근법이 근경과 원경의 대비에 의해 공간의 깊이감을 조성한다면, 명암대비법은 면의 분절과 겹침을 통해 공간의 깊이감을 조성한다. 사진에서 이러한 원근감이 느껴지는 공간을 보여주기 위해서는 노출 차이가 많은

[그림 3-15] 빛의 각도에 따른 그림자 변화

[그림 3-16] 빌라 쇼단

[그림 3-17] 면의 분절과 중첩이 강조된 건물

시간에 그림자가 강하게 보이도록 촬영하여 시각정보를 더 표면화시켜야 한다.

[그림 3-16]은 르 코르뷔지에가 설계한 쇼단 주택사진이다. 그는 외부마감에서 재료의 깊이감을 강조하기 위해 면을 작은 단위로 분절시키고 중첩시켜 빛에 의한 명암대비가 강하게 나타나도록 설계하였고 벽들을 중첩시켜 단 차이가 강하게 보이

도록 하였다. 그 사이로 투과된 빛에 의해 강한 콘트라스트(contrast)를 형성하게 하여 외관에서 공간감이 강조되도록 하였고, 작품집에 실린 사진 역시 이러한 시각정보를 더 표면화시켜 이러한 공간개념이 더욱 부각되도록 표현하고 있다.

[그림 3-17]은 카를로 스카르파(Carlo Scarpa, 1906~1978)가 설계한 브리온 베가 가족묘지 건물인데 작은 건물이지만 면의 분절과 중첩을 통해 공간에서 깊이감이 강하게 나타난다. 왼쪽 사진은 면을 분절시키고 겹쳐서, 오른쪽 사진은 명암대비와 중첩을 통해 원근감을 강조하였다.

3.2
사진의 시점을 이용한 공간표현 ————————

3.2.1 다중촬영기법을 이용한 다시점 공간표현

다중촬영기법은 한 장의 사진에 여러 장의 사진을 겹쳐 촬영하는 것을 말한다. 서로 다른 공간을 한 장의 사진에 동시에 표현할 수 있는 것이다.

이렇게 다중촬영을 하는 목적은 다양한 시점의 표현이나 동시간에 여러 공간을 한번에 보여주려는 것이다. [그림 3-18]과 [그림 3-19]는 다중촬영기법으로 촬영한 사진의 예인데, 자연의 모습과 건물의 모습을 한 장의 사진에 표현하여 서로 다른 공간을 동시에 표현하고 있다.

[그림 3-20]처럼 다중촬영이 장소를 옮겨가며 촬영하는 기법이라면, [그림 3-21]처럼 중첩은 같은 위치에서 서로 다른 두 개 이상의 공간을 촬영하는 기법이다.

[그림 3-22]와 [그림 3-23]은 유리와 물에 비친 반영을 통해 두 개의 공간이 함께 중첩되어 나타난다.

이러한 중첩의 기법은 두 개의 공간을 각각 다른 장소에서 촬영 후 포토샵을 통한 합성을 통해서도 표현할 수 있다.

[그림 3-18] 다중촬영

[그림 3-19] 다중촬영

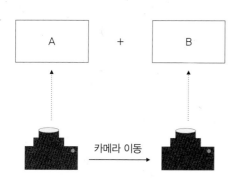

[그림 3-20] 다중촬영

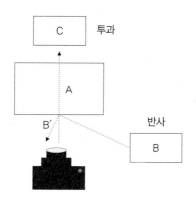

[그림 3-21] 중첩

[그림 3-22] 유리에 비친 중첩

[그림 3-23] 물에 비친 중첩

[그림 3-24] 도시의 공장에서 일하는 근로자 모형

[그림 3-25] 도시의 달동네 모형

[그림 3-26] 포토샵으로 합성한 사진

[그림 3-24]는 도시의 공장에서 일하는 근로자를 표현한 모형을 찍은 사진이고, [그림 3-25]는 도시의 달동네를 표현한 모형을 찍은 사진이다.

[그림 3-26]은 이 두 사진을 포토샵을 사용하여 한 장으로 합성하여 만든 사진이다.

아래는 도시의 달동네를 배치하고 위는 도시의 근로자를 배치하였다.

이렇게 다중촬영이나 중첩은 서로 다른 공간을 동시에 보여주려는 목적을 가지고 표현하는 기법이라고 할 수 있다.

3.2.2 중첩기법을 이용한 다시점 공간표현

건축공간에서 서로 다른 두 개의 공간을 동시에 보여주려는 시도는 근대시대에 등장하게 되는데, 이것을 지그프리드 기디온(Sigfried Giedion, 1938~1968)은 《공간, 시간, 건축》이라는 저서에서 '동시성'[6]이라는 개념으로 설명하고 있다. 르 코르뷔지에와 미스 반 데어 로에는 이러한 '동시성'의 개념을 그들의 건축에서 잘 표현하고 있다.

보통 실내사진은 [그림 3-27]처럼 실내·외의 노출차이로 인해 내부공간에 노출을 맞추어 촬영하게 되면 창밖의 풍경은 과다 노출로 인해 아주 밝게 촬영된다. 보통 실내 촬영에서 창문 밖의 풍경은 생략하거나 부제로 표현한다. 실내와 실외를 동시에 표현하고 싶은 경우는 다중촬영을 하거나 합성을 통해 내·외부 공간을 중첩시켜 내·외부 공간이 선명하게 보이도록 표현한다.

[그림 3-28]은 르 코르뷔지에가 설계한 '빌라 사보아'인데, 내·외부가 동시에

[그림 3-27] 실내가 강조된 사진

[그림 3-28] 실내·외가 모두 강조된 사진

보이도록 하는 '동시성'의 개념을 잘 표현한 사진이다. 이 사진을 보면 노출을 실외에 맞추어 창밖의 풍경이 실내와 더불어 선명하게 촬영되었다. 사진의 주제는 창밖의 옥상 풍경과 옥상 외부의 풍경이다. 르 코르뷔지에는 이렇게 동시에 두 공간이 보여지는 장치로 유리로 된 창과 큰 개구부가 뚫린 외부 벽을 사용하였다. 실내에서 창을 통해 옥상 풍경이, 또한 옥상 풍경 너머 외벽의 뚫린 프레임을 통해 외부의 풍경이 동시에 보여지도록 하였다.

사진의 촬영 위치는 안과 밖의 경계가 되는 지점으로, 촬영 시 동시성의 개념을 보여주기 위한 의도를 가지고 촬영한 것으로 해석할 수 있다. 또한 조리개를 최대한 조인 팬 포커싱(fan focusing)[7] 기법을 통해 근경, 중경, 원경이 모두 선명하게 촬영되도록 하였다.

[그림 3-29]는 르 코르뷔지에가 근경, 중경, 원경이 다 보이도록 계획한 빌라 사보아의 공간개념도이다.

[그림 3-30]은 필자가 이러한 개념이 표현되도록 촬영한 북촌에 위치한 어느 카페의 사진이다. 내부 정원을 통과한 시선이 투명한 카페 내부의 사람을 지나 원경의 산까지 동시에 보이도록 촬영하였다. 내부와 외부의 풍경이 동시에 보이도록 계획된 공간으로 다시점의 공간을 체험할 수 있다.

[7] 팬 포커싱: 렌즈의 조리개를 조여 초점을 맞춘 지점에서 앞에서 뒤로 초점의 영역이 넓어지는 것을 말함.

[그림 3-29] 빌라 사보아의 공간개념도

[그림 3-30] 동시성이 강조된 사진

　미스 반 데어 로에는 '바르셀로나 파빌리언'에서 중첩의 기법으로 동시성의 개념을 표현하고 있다. 유리는 빛을 반사시키는 성질과 투과시키는 성질의 두 가지 특성이 있다. 르 코르뷔지에가 주로 투과의 특성에 주목했다면, 미스 반 데어 로에는 투과와 반사의 특성을 모두 활용하였다. 보통 건축사진은 유리의 반사를 피하여 촬영을 하는데, [그림 3-31]은 의도적으로 유리에 반사된 풍경과 내부의 투과된 풍경을 함께 촬영하였다. 이렇게 투과된 내부의 풍경과 반사된 외부의 풍경은 마치 하나의 공간 안에 같이 있는 것처럼 동시에 보이도록 표현하였다. 미스 반 데어 로에는 유리의 물성을 극대화시켜 동시성이라는 건축개념이 잘 나타나도록 공간을 계획하였고, 사진가는 이러한 개념을 잘 포착하여 전체 건물의 외관을 생략하고 유리 부분만 카메라 프레임에 담았다. 촬영 위치도 두 공간의 중첩이 가장 분명하게 보이는 곳에서

[그림 3-31] 유리의 반사와 투과의 특성이 잘 표현된 사진

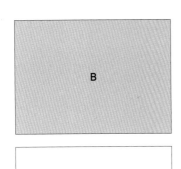

[그림 3-32] 성격이 다른 공간

촬영하였고, 전체 건축물의 모습이 생략된 채 유리 부분만 카메라 프레임에 담아 중첩된 공간을 더욱 과장해서 보여주고 있다.

두 개의 공간이 중첩되는 경우에도, 성격이 다른 두 개의 공간이 중첩될 때와 성격이 비슷한 두 개의 공간이 중첩될 때의 특성은 다르게 나타난다.

성격이 다른 두 개의 공간이 중첩되면, 시선의 흐름이 한 번 차단되어 공간의 원근감이 다소 옅어지고 공간에 경계가 형성된다. [그림 3-32]처럼 공간의 성격이 다른 두 개의 공간 A와 B가 중첩

[그림 3-33] 성격이 다른 공간의 중첩 (1)　　　　[그림 3-34] 성격이 다른 공간의 중첩 (2)

되면 하나의 공간을 기준으로 다른 공간은 배경처럼 인지하게 된다. 즉, A공간에 있으면 B공간이 배경처럼 인지되고, B공간에 있으면 A공간이 배경처럼 인지되는 것이다. [그림 3-33]은 싱가폴에 위치한 마리나 베이샌즈 호텔의 옥상에 있는 수영장 사진이다. 성격이 다른 두 개의 공간이 중첩되어 보이는데, 하나는 물의 공간이고 하나는 빌딩으로 둘러싸인 도시 공간이다. 물의 공간에서 바라보는 도시 공간은 시선의 흐름을 한 번 차단하며 물의 공간을 둘러싼 배경처럼 인지되어 보인다. 이와 유사한 사례가 국내에도 있는데 제주도에 위치한 히든 클리프 호텔 앤 네이쳐(Hidden Cliff Hotel & Nature)이다. 마리나 베이샌즈와 다른 점은 물과 도시의 중첩이 아니라 물과 자연(나무)이 중첩된 사례라고 볼 수 있다. [그림 3-34]는 데크로 구성된 공간과 잔디로 구성된 공간이 중첩되었는데, 잔디의 공간이 데크로 구성된 공간을 배경처럼 둘러싸고 있는 것처럼 인지된다.

　반면 성격이 비슷한 두 개의 공간이 중첩되면, 공간의 시선은 더욱 확장되어 공간의 원근감은 더욱 깊어진다.

[그림 3-35] 성격이 비슷한 공간

　[그림 3-35]처럼 A공간에서 바라보는 A′공간은 시선의 흐름이 더욱 길어져서 공간의 원근감이 더욱 깊게 나타난다. A′공간이 다시 A″ 공간으로 한 번 더 중첩되면

[그림 3-36] 성격이 비슷한 공간의 중첩 (1)　　　[그림 3-37] 성격이 비슷한 공간의 중첩 (2)

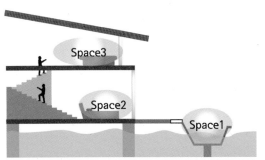

LEVEL마다 동선을 만들어 공간별 휴식을 할 수 있도록 한다

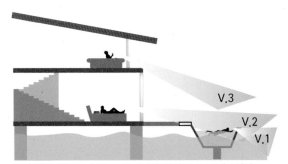

LEVEL 변화로 인한 시선 변화와 시선 공유를 일으킨다

[그림 3-38] 성격이 비슷한 공간의 계획 process

공간의 확장감은 더욱 늘어난다.

　[그림 3-36]은 물의 공간에서 같은 성격의 물의 공간이 중첩되며 시선이 확장되어 공간의 깊이감이 더욱 강조되는 장면이다. [그림 3-37]은 물의 공간이 3번 중첩되며

[그림 3-39] 성격이 비슷한 공간의 3D 표현사례

공간이 더 확장되어 보인다.

[그림 3-38]은 이러한 원리를 적용하여 필자가 지도한 설계 스튜디오에서 부티크 호텔을 디자인한 계획안이다. 객실에 작은 욕조를 계획하고 다시 창밖에 작은 수영장, 그리고 수영장 너머 바다의 풍경이 보이도록 계획하였다.

[그림 3-39]는 3D 프로그램으로 이러한 3단 중첩의 원리를 표현한 사례이다. 객실 양옆의 벽은 밖으로 확장되어 양옆의 시선을 차단하고 욕실에서 바다까지의 풍경만 보이도록 계획하여 공간의 확장성이 쉽게 인지되도록 디자인하였다.

[그림 3-40]과 [그림 3-41]은 물과 산의 중첩인데, 자연이라는 공통된 성격과 물과 산이라는 상반된 성격을 가지고 있는 공간의 중첩이다. 이러한 경우 상반된 성격이 더 강하게 나타나 시선의 흐름은 차단되어 관찰자의 위치에서 다른 공간은 배경처럼 인지된다.

[그림 3-40] 물과 산의 중첩 (1)

[그림 3-41] 물과 산의 중첩 (2)

[그림 3-42] 성격이 다른 공간의 중첩

[그림 3-43] 성격이 비슷한 공간의 중첩

안도 다다오(Ando Tadao, 1941~)가 설계한 공간을 보면 이러한 중첩의 특징들이 잘 나타난다. [그림 3-42]는 물의 교회인데, 물과 산의 공간이 중첩되어 물에서 바라보는 풍경은 산이 배경처럼 시선을 차단하고 마치 교회를 보호하는 듯이 물의 공간을 둘러싸고 있다. [그림 3-43]은 원주에 있는 뮤지엄 산의 물의 공간이다. 물의 공간이 레벨을 달리하며 중첩되어 있어 시선은 물의 공간에서 물의 공간으로 따라가며 공간이 더 확장되어 보이도록 하고 있다.

[그림 3-44]는 서울에 있는 레스토랑의 내부 사진이다. 바닥은 같은 재질을 사용하여 시선을 근거리에서 원거리까지 확장시키고, 벽과 천장은 공간마다 재질을 다르게 하여 시선을 분절시켜 공간의 경계를 나누어 확장된 시선 안에서 공간감을 강조한다.

[그림 3-44] 시선의 확장과 분절이 함께 표현된 사진 (1)   [그림 3-45] 시선의 확장과 분절이 함께 표현된 사진 (2)

[그림 3-45]도 동일 레스토랑에 있는 공간 사진이다. 원형의 체인 블라인드를 통해 시선을 분절시키면서 그 사이로 투과된 사각 벽의 확장을 통해 공간감을 강조하고 있다.

3.2.3 관찰자의 시점을 이용한 공간표현

사진을 촬영할 때 사물을 바라보는 각도와 방향에 따라 사물은 다양한 모습으로 표현된다. 사물 본래의 모습 그대로 보여지기도 하고, 때로는 사람이 바라보지 못하는 내면의 세계를 보여주기도 한다. 이것을 '사진적 시각'이라고 표현하기도 한다. 다양한 시점을 구사하는 것은 사진 구성에서 매우 중요하며, 사진의 시점은 사진의 메시지를 전달하는 결정적인 역할을 한다. [그림 3-46]은 시점에 의해 본래 사물과 다른 모습으로 표현된 사진이다. 왼쪽 사진은 언뜻 보면 우주선이나 곤충의 모습 같지만 건물을 촬영한 사진으로, 건물을 촬영한 후 90도 회전시켜 사진을 미러(mirror)시킨 것이다. 오른쪽 사진은 로우 앵글에서 바라본 건물의 모습이지만 마치 롤러코스터 같은 느낌으로 재현된 사진이다.

[그림 3-47]은 발레리나의 모습을 다른 위치와 각도에서 촬영한 사진이다. 촬영한 대상이 다르기도 하지만 보는 위치에 따라 아주 다른 느낌을 전달한다. 정면에서 찍은 왼쪽 사진은 발레리나의 동작에 눈길이 가지만 하이 앵글로 바라본 오른쪽

[그림 3-46] 관찰자의 시점에 따라 다르게 느껴지는 사진

[그림 3-47] 발레리나의 사진

[그림 3-48] 뮤지엄 산

사진은 발레리나의 모습이 하나의 패턴으로 인식되어 만개한 꽃을 연상시키기도 한다. 이렇게 본다는 것은 건축에서도 구축하는 가장 중요한 근거가 되는 요소이다.

　건축설계 과정에서 건축가들은 사진 같은 이미지 속의 다양한 형태를 보고 인식한다. 그러나 형태는 보는 사람과 그 사람의 경험에 따라 같은 대상일지라도 다른 형태로 보이기도 한다. 세상을 보는 시점이 모두 다르기 때문이다. 안도 다다오는 건축물의 전체 구성 안으로 들어서거나 내부공간으로 이동 시 변화하는 동선 구성에 의한 시점변화를 통하여 공간을 조형적으로 연출한다. [그림 3-48]은 안도 다다오가 설계한 뮤지엄 산의 복도 사진이다. 안도 다다오는 건물 주변에 수변 공간을 설치하고 복도의 창을 하부에 설치하여 다양한 시점에서 공간을 체험할 수 있도록 하였다. 물에 반영된 나무가 거꾸로 보이며 다양한 시각적 체험을 경험하게 한다. 물의 높이도 건물의 바닥 높이와 거의 같게 맞추어 건물이 마치 물 위에 부유하는 듯한 느낌이 들도록 하여 돌과 콘크리트로 이루어진 건물의 무게감을 경쾌하게 느껴지도록 연출하였다. 물에 비친 외부의 풍경은 바람에 따라 다른 모습으로 연출되며 계절을 느낄 수 있는 단서를 제공하기도 한다.

3.3
사진의 중첩기법을 이용한 재질감표현 ──────

　근대시대에 중첩의 개념이 형태의 구축을 통해 원근감이나 공간감을 주로 표현했다면, 현대에 와서 중첩의 개념은 두 개의 질감이 만나 서로의 물성을 교란하여 새로운 질감처럼 느껴지도록 하는 개념으로 주로 사용한다.

　질감이란 물질 고유의 재질감으로 돌, 나무, 청동, 캔버스, 종이 등의 느낌으로 묘사한 물적 대상의 양감과 어울려 촉각적, 시각적으로 환기시키는 효과를 말한다. 중첩을 통해 재료가 가지고 있는 각각의 물성이 다르게 보이도록 하는 시도는 사진에서도 많이 나타난다.

　사진에서 질감은 클로즈업을 통하여 재질의 특성을 부각시키기도 하지만 [그림 3-49], [그림 3-50]처럼 두 개 이상의 사물이 중첩된 대상을 촬영하여 새로운 질감을 표현하기도 한다.

　[그림 3-49]는 물이 고인 아스팔트 위에 반영된 아파트를 촬영한 것인데, 아스팔트의 재질감으로 인해 아파트의 반영은 마치 유화의 거친 붓 터치 같은 그림처럼 보이기도 한다. [그림 3-50]은 풀밭에 그림자로 나타난 나무의 실루엣이 중첩되어

[그림 3-49] 재질의 중첩 (1)

[그림 3-50] 재질의 중첩 (2)

[그림 3-51] 실상과 허상의 중첩

[그림 3-52] 실상과 그림의 중첩

[그림 3-53] 그림과 실상의 중첩

색다른 질감을 연출하였다.

때로는 [그림 3-51]처럼 실제 대상과 그림자를 중첩시켜 시각적 교란을 유도하기도 한다. 실제 사물도 실루엣으로 어둡게 촬영되어 그림자와 실제 사물의 구분을 어렵게 한다.

이러한 사진적 기법은 [그림 3-52]처럼 실제 공간에서 연출되기도 한다. 이 사진을 보면 실제 나무와 나무의 그림자, 그리고 나무 그림이 같이 중첩되어 실제 사물에 대한 시선을 교란시킨다. 삼청동에 있는 이 장소는 사진을 좋아하는 사람들이 많이 찾는 곳이기도 하다. 중첩은 이렇게 우연히 겹쳐지기도 하지만 때로는 의도적으로

[그림 3-54] 바르셀로나 파빌리언

만들어지기도 하는데, 사진가들에게는 표현하기 좋은 소재가 된다. [그림 3-53]은 뒤에 있는 나무와 앞에 있는 공간의 그림이 하나의 장면처럼 인식되는 모습을 사진으로 포착한 것이다. 건축가와 사진가의 만남은 이러한 장면을 의도적으로 연출한 공간을 만들어내기도 한다. 이 공간은 이러한 장면이 연출되도록 의도하여 만든 것으로 보이며, 사진가는 우연히 이 장면을 포착하여 촬영한 것으로 추측된다.

현대건축에서 질감은 단순한 재료의 표면적 성질을 의미하지 않는다. 재료의 속성을 넘어 건축의 본질에 대한 조형적 탐색을 질감을 통해 나타낸다. 이 과정에서 재료를 중첩시켜 하나의 재료 대신에 여러 개의 레이어화 된 재료로 변환시키거나 여러 재료의 속성을 전이시키는 방법을 사용하기도 한다. 또는 동일한 재료의 면을 반복적으로 중첩시켜 재료의 본질에 대한 내면의 특성을 강조하기도 한다.

[그림 3-54]는 미스 반 데어 로에가 설계한 바르셀로나 파빌리언의 후면부 수공간의 한 장면이다. 나뭇잎 문양 같은 대리석의 패턴은 뒤에 있는 낮은 담장 너머 펼쳐진 실제 나무와 겹쳐지며 숲과 나무 같은 장면으로 인식된다. [그림 3-53]의 장면과 같은 개념이라고 볼 수 있는 공간인데, 바르셀로나 파빌리언을 촬영한 많은 사진가 중에 토마스 루프(Thomas Ruff, 1958~)가 포함되어 있다는 사실은 많은 시사점을 제공한다. 왜냐하면 토마스 루프는 현대의 대표적인 건축가인 헤르조그 & 데뮤론과 협업하여 작업을 하는 파트너이기 때문이다. 필자도 사진을 찍다가 발견하게 된 사진적 시각들을 공간설계에 적용하기도 하고 혹은 건축설계를 하는 대학 동료들에게 전하

기도 하는데, 이러한 토론과 정보에 대한 공유는 오랫동안 협업을 해 온 토마스 루프와 헤르조그 & 데뮤론 또한 있었을 것으로 추측해 볼 수 있다.

실제로 헤르조그 & 데뮤론은 에베르스발데 (eberswalde) 실업학교의 외피마감을 토마스 루프의 사진으로 콘크리트와 유리에 인쇄하기도 하였다. [그림 3-55] 참조. 그리고 토마스 루프의 작품 '서브스트라트(substrate 근원)'는 디지털 이미지 같은 것을 촬영한 것인데, 헤르조그 & 데뮤론이 설계한 카이사 포럼(Caixa Forum)의 외피 디자인을 보면 그 패턴이 아주 유사하게 나타난다. 이 패턴은 에베르스발데 실업학교 초기 도서관 계획안에 반영되기도 하였으나 최종 결정안은 [그림 3-55]처럼 토마스 루프의 사진으로 외피마감을 하였다. 또한 헤르조그 & 데뮤론은 재료의 중첩을 통한 아이디어를 건축에 반영하였다. 재료가 지니는 본래의 물성을 다른 재료와의 중첩

[그림 3-55] 에베르스발데 실업학교 외피마감
출처 : flickr, claudi o

을 통해 새로운 재료로 연출되도록 하는 방법을 사용하였다. 감각적 접근을 통하여 기존의 재료를 새롭게 해석하고 변형된 재료를 통하여 새로운 공간적 체험을 경험하게 한다.

파펜홀츠 스포츠 센터(Pfaffenholz Sports Center)는 위와 같은 사진적 시각이 공간 개념에 적용된 사례로 볼 수 있다. [그림 3-56]처럼 콘크리트 패널 위에 그림자로 비춰지는 나뭇잎 패턴을 인쇄하여 실상과 허상을 중첩시켜 새로운 재질감이 느껴지도록 공간을 계획하였다. 콘크리트 패널에 인쇄된 나뭇잎 그림자 형상의 패턴은 콘크리트의 거친 질감과 중첩되며 마치 나뭇잎 그림자가 건물에 실제 드리운 것과 같이 보여지도록 하였다.

[그림 3-57]은 카이사 포럼에 있는 외피 패턴의 일부인데, 타공된 외피 패턴을

[그림 3-56] 파펜홀츠 스포츠 센터
출처 : flickr, Rory Hyde

[그림 3-57] 카이사 포럼

[그림 3-58] 파펜홀츠 스포츠 센터
출처 : flickr, Rory Hyde

통해 생기는 그림자가 역시 나뭇잎을 연상하게 한다.

    [그림 3-58]처럼 일부 벽체는 섬유질 패턴을 유리에 인쇄하여 섬유질 패턴이 바깥의 풍경과 중첩되어 새로운 질감을 느끼게 한다. [그림 3-59]의 왼쪽 그림처럼 측면에서 유리를 바라보면 콘크리트와 유사한 질감으로 지각되기도 하고, 오른쪽 그림

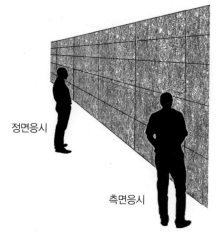 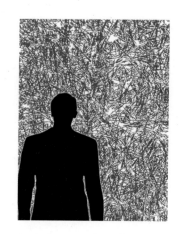

정면응시

측면응시

[그림 3-59] 위치에 따라 다르게 보이는 질감

처럼 정면에서 바라보면 눈이 내리거나 먼지가 가득한 감정을 느낄 수도 있다.

관찰자가 서 있는 위치에 따라 다른 질감으로 인식되어 새로운 경험을 하게 한다.

3.4
사진의 플레어(flare) 현상을 이용한 재질감표현 ──

사진에서 플레어 현상은 역광 또는 사광[8]에서 빛이 들어와 생기는 현상인데, 주로 저가 렌즈를 사용할 때 발생한다.

[그림 3-60]처럼 빛이 새어 들어와 고스트 현상(ghost image problem)[9]이 생기기도 하고 전체적으로 콘트라스트가 약하게 되기도 하여 사진에서는 보통 회피하는 경향이 있다.

하지만 [그림 3-61]처럼 색다른 시각에서 플레어 현상을 바라보고 오히려 능동적으로 이런 현상을 사용한다면 독특한 장면을 연출할 수 있다. 이런 장면을 의도적으로

[8] 사광: 피사체의 옆과 정면 사이 각도에서 사각으로 비추는 광선

[9] 고스트 현상: 디스플레이에 잔상이 남아 번져 보이는 현상

[그림 3–60] 사진의 플레어 현상

[그림 3–61] 의도적으로 플레어를 강조한 사진

연출하기 위해 강한 빛을 찾아내어 빛이 나오는 방향을 바라보며 사진을 촬영하거나, 강한 반사가 일어나는 물질을 대상으로 사진을 촬영하기도 한다. 빛은 재료의 물성을 왜곡시키기도 하고 공감각[10]적인 환상을 일으키게 하는 요인이 되기도 하기 때문이다.

이러한 공감각적인 환상을 건축에도 표현할 수 있는데, 헤르조그 & 데뮤론은

[10] 공감각: 어떤 감각에 자극이 주어졌을 때 다른 영역의 감각을 불러일으키는 감각 간의 전이 현상

[그림 3-62] 성 베드로 대성전

[그림 3-63] 사찰 입구의 계단

[그림 3-64] 뮤지엄 산의 우회로

빛과 재료의 반사를 통해 이러한 공간표현을 실현하였다. 건축에서 눈부심은 지양해야 할 요소이다. 특히 정면에서 눈부심이 생기면 건물의 형태를 제대로 인지할 수 없기 때문에 눈부심은 피해야 하는 절대적 요소이다.

하지만 건축가들은 오히려 건축을 인지할 수 있는 요소들을 방해하는 요소를 건축 도입부에 계획하여 극적인 감동을 주기 위해 사용하기도 한다. 예를 들면 [그림 3-62]처럼 중세시대에는 입구를 협소하게 하여 긴장감을 주었다가 건물의 중심부에 오면 높은 천장과 확장된 공간으로 인해 감동을 주는 방법을 사용했다. 건물을 인지하기 어려운 어두웠던 입구를 지나 높은 천장에서 밝은 빛이 내려오는 중심부에서

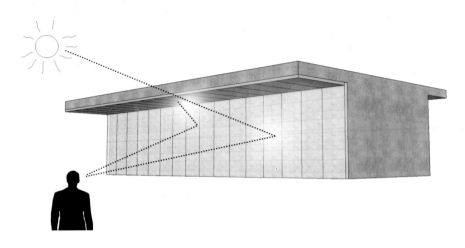

[그림 3-65] 리콜라 유럽공장 개념도 (1)

웅장한 건물을 인지하게 된다. 입구가 어둡고 좁을수록 감동의 깊이는 배가된다. [그림 3-63]처럼 우리나라의 사찰도 입구의 계단을 일부러 높게 하여 건물을 오르내릴 때 계단만 바라보도록 시선을 교란시킨 후, 건물의 중심부에 이르렀을 때 건물을 바라보게 하여 극적인 감동을 유도한다.

현대에 와서 [그림 3-64]처럼 안도 다다오는 입구에 가벽을 설치하는 기법으로 건물을 가로 막은 후 우회시켜 건물에 대한 상상력을 불러일으키게 한 다음 건물에 진입하게 하는 방법으로 감동을 유도한다.

헤르조그 & 데뮤론은 리콜라 유럽공장(Ricola European Factory)에서 눈부심 현상을 사용하여 정면에서 건물을 바라보기 어렵게 만든 후, 건물을 바라보는 위치에 따라 건물의 형태를 인지하도록 하여 건물에 대한 감동을 유도하는 방법을 사용하였다.

외관이 반투명 폴리카보네이트 패널로 마감된 공장은 안쪽 폴리카보네이트에 사진을 실크스크린으로 프린팅하였다. 외부 캐노피와 벽의 마감재는 반사의 특성을 가진 재료를 사용하여 글레어 효과[11]와 광막 반사[12]를 통해 눈부심을 유도한다. 전면의 반투명 폴리카보네이트 패널이 외부의 캐노피 천장까지 확대되어 인공조명으로 빛의 난반사[13]가 생겨 빛의 확산을 더욱 강조하고 있다. 이로 인해 지각현상을 방해하여 물성의 본질을 교란시켜, 보는 시각에 따라 선명하게 보이기도 하고 흐리게 보이

[11] 글레어 효과: 밝기가 높은 광원에 의해 발생되는 효과

[12] 광막 반사: 빛이 시각 대상과 겹쳐 시각 대상을 눈부신 빛의 막이 덮은 것처럼 되어 생기는 현상

[13] 난반사: 빛이 여러 방향으로 반사하여 흩어지는 현상

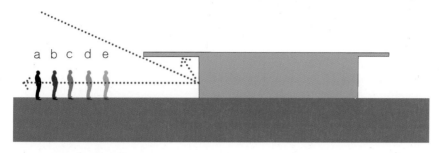

[그림 3-66] 리콜라 유럽공장 개념도 (2)

[그림 3-67] 설계 스튜디오 사례

기도 하여 색다른 공간체험을 하도록 하고 있다. 폴리카보네이트 안쪽은 칼 브로스펠트(Karl Blossfeldt, 1928~)의 나뭇잎 사진이 프린트되어 있는데 빛의 반사에 따라 선명도가 달라진다.

　[그림 3-65]와 [그림 3-66]은 리콜라 유럽공장의 개념도인데, 사람이 서 있는 위치에 따라 빛의 반사가 달라져 건물에 대한 느낌이 다르게 나타난다.

　[그림 3-67]은 이러한 개념을 필자가 지도하는 설계 스튜디오에서 적용한 사례이다. 위안부를 위한 역사도서관 계획안인데 왜곡된 역사를 보여주기 위해 빛이 건물에 반사되어 멀리서 바라보았을 때 건물을 정확히 인지하지 못하도록 진입부를 계획하고 건물에 가까이 다가섰을 때 건물을 정확히 인지하도록 하였다.

3.5
사진의 실루엣(silhouette)기법을 이용한
시공간표현 ——————————

시공간이란 시간이 공간을 구성하는 3차원과 결합할 때 발생하는 개념이며, 특별한 환경적 경험이 있을 때 특징이 잘 나타난다. 근대 이후 공간에서 시간을 설명하기 위한 노력은 계속되었고, 움직임의 개념은 공간에서 시간을 표현하는 좋은 수단이 되었다. 특히 영화 같은 시노그래피적인 효과나 포토몽타주기법은 시간의 한계를 극복하는 좋은 도구가 되었다. 실루엣은 시간과 위치에 따라 다른 느낌을 연출하기 때문에 시공간을 표현할 수 있으며, 포토몽타주는 시간과 공간이 다른 사진을 합성하여 시공간을 표현할 수가 있다. 사진에서 실루엣은 영화 같은 극적인 장면을 연출할 때 주로 사용한다. 빛을 향해 촬영대상을 두고 사진을 촬영하면 촬영대상은 세부적인 부분은 생략한 채 그림자처럼 검은 윤곽만 보여지게 된다. 실제의 모습은 사실적이고 생동감을 주는데 반하여, 실루엣은 상상력을 자극하여 영화 같은 가상의 느낌이 들 때가 많아 분위기 있는 장면을 연출하고 싶을 때 사용하는 기법이다. 또한 그림자로 보여지는 실루엣은 실체가 아니면서 실체의 모습을 보여주고 있기 때문에 가상의 느낌이 더욱 강하게 작용한다.

[그림 3-68]은 해질 무렵 지는 해를 바라보는 사람을 실루엣으로 촬영한 사진이다. 사람의 표정을 알 수 없으므로 다양한 상상을 하게 된다.

[그림 3-69]는 그림자를 촬영한 사진이다. 그림자는 시간에 따라 크기가 달라지고 그림자가 드리우는 벽이나 바닥의 질감에 따라 색다른 느낌을 전달한다. 때로는 실체의 모습과 다른 형상으로 그림자는 만들어지기도 하여, 의도적으로 실체와 다른 형태를 만들어내기도 한다.

[그림 3-70]은 르 코르뷔지에의 작품집에 실려 있는 사진으로, 마르세이유 아파트 옥상유치원의 한 벽면에 드리워진 그림자를 촬영한 것이다. 건축물에 포커스를

[그림 3-68] 역광에 의한 실루엣

[그림 3-69] 그림자에 의한 실루엣

[그림 3-70] 마르세이유 아파트 옥상유치원

맞춘 것이 아니라 시간에 의해 연출된 장면을 포착한 것으로 보인다. 이것은 빛과 그림자, 움직임, 공간 등의 공간적 요소를 시노그래피(scenography)[14]적 느낌으로 공간 표현을 한 것이다. 벽면에 반영된 그림자를 부각시키기 위하여 벽을 단순화시켜 벽을 무대처럼 느끼도록 하였고, 숨바꼭질하듯 살금살금 걷는 그림자는 '동심'을 은유적으로 보여주고 있다. 시간과 위치에 따라 달라지는 이 실루엣의 무대장치는 공간에 서사적 이야기를 만들고 상상의 이미지를 극대화시켰다. 아이들의 행위에 의해 만들어지는 다양한 그림자에 의해 벽면은 현실에 존재하지 않는 또 하나의 공간을 재생하였다. 그림자의 모습을 통하여 현실의 실제 모습을 상상하게 만드는 시공간적 표현이라고 할 수 있다.

[그림 3-71]은 빛과 피사체의 위치에 따라 실루엣이 형성되는 개념을 설명한

[14] 시노그래피: 연극 따위의 무대 배경 미술

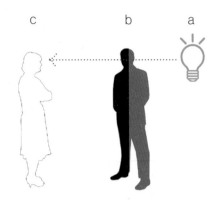

[그림 3-71] 빛에 의해 생성되는 실루엣 개념도

[그림 3-72] 조명에 의한 실루엣

[그림 3-73] 인물이 공간에 없는 경우

[그림 3-74] 인물이 공간에 있는 경우

그림이다. 하시모토 유키오(Hashimoto Yukio)는 도쿄에 있는 테이료(TEIRYO) 다이닝 바에서 위와 같은 원리를 이용하여 [그림 3-72]처럼 사람이 외부에서 보면 실루엣으로 보이도록 조명을 실내 깊숙이 배치하였다. 사람 앞에 있는 공간에는 광섬유조명을 설치하여 마치 비가 오는 듯한 느낌의 영화같은 공간을 연출하였다.

공간에서 인물이 포함되는 것은 중요하다. 인물이 없으면 공간의 질감을 통한 공간의 본질이 부각되지만, 공간에 인물이 추가되면 공간의 주체자인 사용자의 행위가 나타나기 때문이다. 공간에서 인간의 행위는 공간의 기능을 설명하는 암시적 기호라고 볼 수 있다.

[그림 3-73]은 공간에 인물이 없어 공간의 질감이나 공간의 구성이 부각된다.

[그림 3-75] 인물이 공간에 있는 경우

[그림 3-76] 인물(실루엣) + 공간 사진

하지만 [그림 3-74]처럼 인물이 등장하면 공간의 질감보다는 인간의 행위를 통한 공간의 기능이 더 부각된다.

[그림 3-75]는 공간만 사진에 표현되었으면 조형물의 형태나 질감이 더 강조되었겠지만, 사람이 등장하여 조형물의 일부에 걸터앉게 되면서 조형물의 기능을 강조하는 사진이 되었다. 그리고 이 기능은 건축가가 의도한 기능일 수도 있지만 행위자의 우연적 행동에 의한 기능이 될 수도 있다. [그림 3-75]의 조형물은 단순한 선반일 수도 있고 사진처럼 사람이 앉는 의자가 될 수도 있다. 하지만 사진에서는 사람이 조형물에 앉아서 휴식을 취하는 장면이 강조되면서 의자로서의 기능이 더 부각되었다. 이러한 특성 때문에 건축전문 잡지에는 사람보다는 건축물 위주의 사진만 표현하여 건축의 본질을 강조하고, 건축 관련 잡지이지만 라이프 스타일을 위주로 하는 잡지에는 사람이 반드시 등장하여 사람의 행위를 통한 공간에서의 라이프 스타일을 강조하는 것이다. 하지만 [그림 3-76]의 사진처럼 사람을 실루엣으로 표현한 사진은 사람의 행위가 현실공간인 공간과 분리되어 공간의 기능과 함께 공간의 질감이나 본질을 바라보게 하는 효과가 있어 때에 따라서 사람을 실루엣으로 표현하여 공간의 순수한 본질과 함께 공간의 기능을 보여주기도 한다.

3.6
사진의 포토몽타주(photomontage)기법을 이용한 시공간표현

포토몽타주는 여러 장의 사진이나 이미지로 한 장의 사진을 만드는 합성사진의 기법을 주로 사용한다. 합성사진이기 때문에 입체파 그림처럼 다양한 시점을 표현할 수도 있고, 현실적으로 불가능한 다른 공간, 혹은 다른 시간대의 공간을 한 장의 사진 안에 동시에 표현하는 것이 가능하다. 실제 공간은 시간과 공간의 제약을 받기 때문에 포토몽타주기법은 실제 공간보다는 사진을 통해 소개되는 잡지나 영화 속 공간에서 주로 표현하고 있다.

[그림 3-77]은 근대 건축가 미스 반 데어 로에가 포토몽타주기법을 이용하여 그림과 사진을 오려 붙여 표현한 바르셀로나 파빌리언 공간이다. 일반적으로 사진은 압축원근법[15]에 의해 원근감이 잘 표현되지 않는다. 미스 반 데어 로에는 투시도의 그림 위에 공간에 배치된 사물들의 사진을 투시도의 거리에 맞게 크기를 조절하여 오려 붙여 원근감을 표현하였다. 투시도와 사진의 병치된 관계에 의해 원근감이 느껴진다. 미스 반 데어 로에는 Roger 주택에서는 실제 창밖의 풍경이 예쁘지 않다고 생각하여 잡지에 이 공간을 소개할 때 다른 장소의 풍경사진을 이 주택 사진의 창문에 오려 붙여 상상의 풍경으로 바꿔 놓았다. 디지털 기술이 발전한 최근에는 모델하우스를 분양할 때 모델하우스의 창밖 풍경이 아름답지 않을 경우 실제 대지를 촬영한

[15] 압축원근법: 주로 사진 촬영 시 나타나는 현상으로 가까이에 있는 피사체와 멀리 있는 피사체의 거리가 실제보다 가깝게 촬영되어 공간감이 잘 나타나지 않는 것을 말함.

 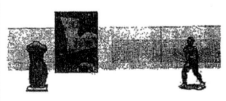

[그림 3-77] 포토몽타주기법을 적용한 그림

[그림 3-78] 포토몽타주기법을 적용한 공간 (1)

[그림 3-79] 포토몽타주기법을 적용한 공간 (2)

거대한 디지털 사진을 창밖에 설치하여 상상의 공간을 실제 공간처럼 보여주기도 한다. 포토몽타주기법을 이제는 실제 공간에서도 사용하는 것이다.

[그림 3-78]은 모델하우스를 촬영한 사진인데, 도심 속 공간을 콘셉트로 한 오피스텔이다. 이 모델하우스는 신도시가 건설되는 장소에 위치하여 아직 도시의 풍경이 조성되지 않았다. 하지만 모델하우스의 창밖에 미래 도시의 풍경사진을 설치하여 마치 도심 한가운데 있는 공간처럼 느껴지도록 연출하였다.

[그림 3-79]는 서울 강남에 위치한 상업공간인데, 포토몽타주기법을 이용하여 공간의 쇼윈도를 연출하였다.

3.7
사진의 포트폴리오(portfolio)기법을 이용한 시공간표현

한 장의 사진으로 이야기를 전달하기 어려운 경우 여러 장의 사진을 통해 이야기를 전달하는 사진의 기법을 포트폴리오라고 한다. 포트폴리오는 직접 건축공간에 표현하는 기법이 아니라 건축매체 등에 건축공간을 간접적으로 소개할 때 주로 사용하는 기법이다. 건축사진은 한 장의 사진으로는 표현하기 어려운 여러 공간이 존재하고, 시간에 따라 공간에 대한 지각이 다르기 때문에 여러 장의 사진으로 공간을 표현하는 것은 매우 효과적이다. 이렇게 포트폴리오는 시간과 장소가 다른 공간을 이야기를 전달하듯이 여러 장으로 표현하기 때문에 실제 공간에 가 보지 못한 경우에도 건물을 이해하는 데 도움이 된다. 보통 선축사신을 포트폴리오 형식으로 건축내체에 소개하는 경우는 텍스트를 추가하여 공간에 대한 설명을 한다. 텍스트가 없을 경우 자의적 해석에 따라 공간을 잘못 이해할 수 있기 때문이다.

[그림 3-80] 출발 혹은 도착 (1)　　　　　　　　[그림 3-81] 출발 혹은 도착 (2)

[그림 3-80]과 [그림 3-81]은 포트폴리오의 도입부에 출발이나 도착이라는 제목을 설정하면 어울릴만한 사진이다. 이제 어떤 공간으로 출발을 한다는 발걸음의 의미나 어떤 공간에 도착한 듯한 이미지의 사진은 공간의 이야기를 시작하는 단계에서 흥미를 유발하여 공간에 대한 집중도를 높인다.

[그림 3-82]는 공유 오피스 공간을 포트폴리오 형식으로 표현한 사진이다. 6개의 사진은 하나하나의 사진마다 공간의 특성이 잘 나타나 있다. 1번 사진은 운동공간을 겸한 휴식공간, 2번 사진은 카페, 3번 사진은 회의실, 4번 사진은 휴게실, 5번 사진은 회의실과 사무실 등으로 이루어진 복도, 6번 사진은 업무공간으로 각각의 공간 특성이 사진에 잘 나타나 있다. 하지만 이 6개의 사진이 하나의 공통적인 개념을 가지고 함께 나열되어 공간을 설명할 때 공유 오피스라는 콘셉트를 더욱 강조하게 된다.

한 개의 사진보다는 이렇게 포트폴리오 형식으로 사진을 배열하여 공간에서 이야기하고자 하는 주제를 더욱 부각시킬 수 있는 것이다.

[그림 3-82] 공유공간 포트폴리오

3.8
사진의 프레임을 이용한 공간표현 ────────

　하늘이 멋지게 표현된 사진을 보면 [그림 3-83]처럼 파란 하늘과 구름 자체가 멋지게 표현된 것도 좋지만, 하늘이 무언가에 둘러싸여 있을 때 더 돋보인다는 사실을 종종 발견하게 된다. [그림 3-84]처럼 하늘을 향해 손을 뻗어 프레임을 만들어 그 프레임 안에 담기는 하늘을 보면 하늘이 더욱 부각되어 보인다.

[그림 3-83] 하늘과 구름

[그림 3-84] 프레임으로 하늘 담기

[그림 3-85] 자연에 둘러싸인 하늘

[그림 3-86] 건물에 둘러싸인 하늘

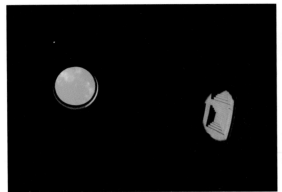

[그림 3-87] 판테온

[그림 3-88] 빌라 사보아
출처 : flickr, Timothy Brown

그래서 사진가들은 무언가 둘러싸인 하늘을 보면 자동적으로 카메라를 들게 된다. [그림 3-85]는 자연에 둘러싸인 하늘이고, [그림 3-86]은 건물에 둘러싸인 하늘이다.

무한히 펼쳐진 하늘이 한정된 프레임에 담기는 순간 그 무궁한 공간이 마치 내가 소유한 것처럼 나만의 공간으로 느껴지기 때문이다.

아주 오래전부터 이러한 하늘을 공간에 담으려는 건축가들의 시선은 존재했다. 아니 어떻게 보면 이런 하늘을 공간에 담으려고 건축가들은 많은 노력을 하였다. [그림 3-87]은 로마시대 만들어진 판테온(pantheon)인데 천장에 뚫린 구멍을 통해 보이는 하늘은 예쁘다는 표현을 넘어 경이로운 느낌을 갖게 한다. 때로는 신의 은총이 내리는 것처럼 빛이 밝게 공간을 타고 퍼져 내려오기도 하고 때로는 뚫린 공간 사이로 구름이 선명하게 보이기도 한다.

근대시대 건축가 르 코르뷔지에(Le Corbusier, 1887~1965)는 빌라 사보아에서 [그림 3-88]처럼 하늘을 공간에 담기 위해 옥상의 난간을 높이 세워 옆으로 보이는 시선을 차단하여 옥상에서 하늘이 강조되어 보이도록 하였다.

[그림 3-89]는 오스트리아에 위치한 그라츠(Graz) 중앙역 외부 광장의 하늘이다. 커다랗게 둘러싼 원형의 프레임 사이로 보이는 하늘은 자연스럽게 흘러가는 하늘이 아니라 공간 안에서 멈춰버린 듯 보인다. [그림 3-90]은 헤르조그 & 데뮤론이 설계한 바젤 전시장(Messe Basel)의 홀 천장에서 보이는 하늘인데 역시 공간 안에서

[그림 3-89] 그라츠 중앙역

[그림 3-90] 바젤 전시장
출처 : flickr, Rosmarie Voegtli

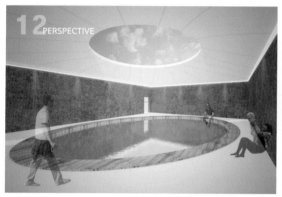

[그림 3-91] 스튜디오 사례 (1)

[그림 3-92] 스튜디오 사례 (2)

하늘이 멈춘 듯한 느낌을 갖게 된다. 설치미술가 제임스 터렐(James Turrell, 1943~)은 천장이 오픈된 공간을 통해 시간에 따라 변화하는 하늘을 체험하도록 공간을 연출하였다.

일본의 건축가 니시자와 류에(Nishizawa Ryue, 1966~)도 테시마 아트 뮤지엄 (Teshima Art Museum)에서 이러한 하늘을 체험할 수 있도록 공간을 계획하였다.

우리나라 남해에 있는 사우스 케이프 리조트(South Cape resort)도 이러한 개념이 공간에 잘 표현되어 있는 대표적인 건물이다.

[그림 3-91]과 [그림 3-92]는 필자가 지도하는 스튜디오에서 하늘을 공간에 담으려는 콘셉트를 반영한 학생의 작품이다.

Chapter 04

공간디자인을 위한
사진교육 프로그램과
사례

1. 사진교육 프로그램 | 2. 사진 읽기 | 3. 사진 찍기 | 4. 사진으로 글쓰기

사 진 기 법 을 적 용 한 공 간 디 자 인 의 기 초 조 형 교 육

4.1
사진교육 프로그램 ——————————

　이 장에서는 3장의 '사진기법이 공간디자인에 적용된 사례'를 근거로 하여 사진교육 프로그램에 대해 살펴본다. 4장은 크게 두 개의 단락으로 구성하였다. 먼저 사진에 대한 이해를 돕기 위하여 공간을 포함하여 일반적인 사물이나 인물을 대상으로 사진교육 프로그램을 구성하였고, 다음으로 공간만을 대상으로 사진교육 프로그램을 정리해 보았다.

　여기서는 사진을 잘 찍는 방법이 아니라 기초조형에 근거해서 사진을 통한 창의력 발상에 주안점을 두고 프로그램을 정리하였다.

　최근 창의력 향상에 주안점을 둔 사진교육 프로그램들이 많이 개발되고 있다. 예를 들면 미국 듀크 대학의 사진가이자 교육자인 웬디 이왈드(Wendy Ewald)가 만든 LTP(Literacy Through Photography) 프로그램이나 한국의 정경열 기자가 한국 실정에 맞게 개발한 PIE(Photo in Education) 같은 프로그램이다. 기존의 사진교육이 주로 사진의 개념이나 촬영법 등 사진 찍기에 초점을 맞추었다면, 위의 프로그램들은 사진을 읽고, 사진을 촬영하고, 사진에 대한 글을 쓰는 과정을 통해 비판적인 시각을 갖고 의사소통의 도구로 사진을 활용하는 것이다.

　LPT나 PIE는 어린이를 대상으로 개발된 프로그램이지만 효율성이 입증되어 차츰 대학으로 확산되고 있다.

　이 책도 사진의 교육과정을 사진 읽기, 사진 찍기, 사진으로 글쓰기의 세 단계로 분류하였고, 공간디자인을 위한 기초조형교육에 맞는 프로그램으로 재구성하였다. 위에 언급한 것처럼 프로그램의 이해를 돕기 위하여 일반적인 대상으로 한 사진과 공간을 대상으로 한 사진으로 구분해서 사례를 제시하여 사진이 갖고 있는 조형적 요소를 공간디자인에서 어떻게 적용해야 하는지 알기 쉽게 설명하였다.

4.2
사진 읽기 ——————————————————————

사진 읽기는 사진을 통해 사진을 촬영한 다른 사람의 생각을 내가 보는 관점에서 이해하고 해석하는 과정이다. 사진에는 보이지 않는 언어가 있다. 한 장의 사진이지만 그 안에는 사진을 찍기 전과 후의 여러 사건이 포함되어 있고, 때로는 사진 찍는 당시의 시대 상황이나 사진을 찍은 작가의 여러 가지 감정이나 의도가 포함되어 있다.

하지만 사진이 말하고자 하는 보이지 않는 언어를 읽어 내는 것은 매우 어렵다. 그림은 작가의 의도가 비교적 정확하게 나타나는 경우가 많지만, 사진은 돌발적인 상황이나 사건, 혹은 즉흥적인 작가의 감정이 개입되는 경우가 많기 때문에 작가의 의도를 파악하기는 더욱 어렵다. 따라서 사진을 읽을 때는 사진 안에 있는 여러 사건의

[그림 4-1] 벤치

[그림 4-2] 벚꽃엔딩

[그림 4-3] 보호 혹은 구속

관계를 파악해야 한다. 관계를 읽어 내는 정보는 사진이미지 안에 들어있다. 대상이 사람이라면 그가 입고 있는 옷, 몸의 동작, 얼굴 표정, 주변 배경 등이 주요한 정보가 되며 이 정보는 여러 의미로 해석할 수 있다. 예를 들면 한 고등학교 학생이 교복을 입고 있으면 학생이라는 사실을 인지하고 교복은 학생이라는 신분을 의미한다. 교복은 기호로 작용하기도 하여 문화적으로 다른 의미를 만들어내기도 한다. 예를 들어 교복을 보고 세월호의 아픔이 느껴지거나 여행이나 첫사랑 같은 감정이 느껴진다면 교복 이미지는 텍스트적인 기호로 인식한 것이다.

사진은 같은 모습이라 하더라도 사진의 제목에 따라 다르게 읽히기도 한다. [그림 4-1]과 [그림 4-2]는 같은 벤치를 보여주는 사진이지만 '벤치'라는 제목으로 사용될 때는 벤치 그대로를 표현하는 재현적 의미로 나타나지만, '벚꽃엔딩'이라는 제목으로 사용될 때는 죽음이나 슬픔 등 상징적 의미로 읽힌다.

사진과 글이 같은 내용을 전하더라도 사진을 읽고 해석하는 사람에 따라서 사진은 다른 의미작용을 하기도 한다.

[그림 4-3]은 보는 시각에 따라 해석이 달라질 수 있는 사진이다. '나무사랑'이라는 시각으로 보면 나무를 보호하기 위해 건축물에 구멍을 뚫은 것으로 보이지만, '나무억압'이라는 시각으로 보면 건축물이 나무를 옭아매고 구속하는 것처럼 읽힌다. 이처럼 사진 읽기는 사진교육 과정에서 관찰력과 사고력을 키워 주는 중요한 부분이라고 할 수 있다.

사진을 읽는다는 것은 사진을 다양한 각도에서 바라보고 관찰하는 과정을 통해 사진적 시각을 형성하는 과정이라고 볼 수 있다. 사진을 촬영하는 과정에서 형성되기도 하지만 촬영 전 다른 사람이 촬영한 사진이나 촬영 후 본인의 사진에서도 우연한 발견이나 분석을 통해 창의적 시각을 개발해야 하는 것이다. 사물을 어떻게 바라보는가에 대한 사진적 시각은 창의력을 개발하는 데 매우 중요한 요소가 된다.

4.2.1 사진적 시각

사진적 시각이란 인간의 눈을 통한 시각과는 다른 개념이다. 사진적 시각은 촬영자가 세상을 바라보는 관점이다. 루돌프 아른하임(Rudolf Arnheim, 1904~2007)은 "시각은 사고를 형성한다."라고 하였다. 똑같은 대상을 바라보더라도 어떤 관점에서 대상을 바라보고 이해하느냐에 따라 대상에 대한 결과와 인식은 달라진다는 것이다. 사진에서 다양한 관점에서 대상을 바라보는 각도와 방향은 대상이 가지고 있는 외부의 모양뿐만 아니라 내면과 주변의 세계를 바라보는 시각을 만들어 준다.

사진과 공간디자인에서 가장 중요한 요소 중 하나는 관찰이다. 여기서 말하는 관찰은 렌즈 앞에 놓여진 사물들을 단순히 바라보는 것이 아니라 살피고 분석하는 것이다. 사진에서 주제는 무엇인지, 주제와 배경과의 관계는 어떠한지, 원근과 심도[1]를 어떻게 해야 하는지, 배치와 구도는 어떠해야 하는지 등을 생각한다. 또한 사진으로 표현할 대상의 여러 성질을 탐색한다. [그림 4-4]는 평범한 풍경사진 같지만 보는 시각에 따라 나무가 대화하는 장면을 연상하기도 한다. 여기에 '오랜 대화'라는

[1] 심도: 초점이 맞는 범위

[그림 4-4] 오랜 대화

제목이 부여된다면 주제는 더욱 명확해진다. 사진적 시각은 대상을 관찰하고 사진이 주제로 강조하는 부분을 주목하여 주변 현상에 대하여 상상하고 생각하게 하는 것이 핵심이다.

(1) 사진적 시각의 일반적인 사례

사진에서 가장 중요한 것은 좋은 장비가 아니라 사물을 어떻게 바라보느냐가 중요하다. 사진적으로 바라본다는 것은 일상생활에서 사물을 바라보는 것과 같이 대충 바라보는 수준이 아니라 깊이 있게 사물을 관찰하고 바라보는 것을 의미한다. '왜 이 사진을 찍었는가?'에 대한 의문을 가지고 사물 안에 숨어있는 의미를 찾아내기 위해 바라봐야 한다. 그냥 찍은 사진은 거의 없다. 사진은 끊임없이 관찰하기의 결과물이고, 모든 사물과 주변의 관계를 분석하여 만들어지는 결과물이다. 이러한 성찰은 결과물로서의 사진뿐만 아니라 사진을 촬영할 때에도 나타나야 한다. 이러한 관찰을 통해 우리는 사물에 의미를 부여할 수 있게 된다. 사진적 시각은 촬영자의 시선에 의하여 '상상하고 생각하는 것'이라고 할 수 있다.

[표 4-1] 사진적 시각의 일반적인 사례

구 분	사진	사진 설명
의도된 메시지 발견	 (사진제공 : 박영채)	**사물과 배경의 유사성에 대한 발견(의도된 유사성)** 건물 기둥의 모양이 건물 뒤의 배경인 나무와 유사함을 발견한다. 기둥을 굵게 하지 않고 가늘게 여러 개로 디자인하였고, 수직으로 세우지 않고 사선으로 디자인하여 최대한 나무처럼 보이도록 하였다. 자연과 동화된 건축을 만들려는 건축가의 의도를 파악해야 한다. 사진가는 이것을 읽어내고 기둥과 나무가 같이 보이는 위치에서 촬영하였다.
우연히 발견된 메시지		**사물과 배경의 유사성에 대한 발견(우연한 유사성)** 담장의 나무 그림과 담장 뒤 공간에 있는 실제 나무의 유사성을 발견해야 한다. 담장의 나무 그림과 담장 뒤의 실제 나무는 연관성이 없을 수도 있다. 담장의 나무 그림만 촬영할 수도 있고, 혹은 담장 나무와 실제 나무가 서로 어긋나는 위치에서 사진을 촬영하여 연관성이 없게 느껴지도록 할 수도 있다. 하지만 담장의 나무 그림과 실제 나무가 한 그루처럼 보이는 위치에서 사진을 촬영하여 유사성을 강조하고 있다.

(2) 사진적 시각의 공간적인 사례

공간을 바라보는 사진적 시각에서 가장 중요한 것은 유추[2], 추론[3]을 통해 공간을 창의적 시각으로 탐구하는 것이다. 건축가가 의도한 콘셉트를, 다른 사람이 촬영하는 과정에서 발견하는 경우 건축가의 개념을 창의적인 시각에서 바라볼 수 있다. 또한 다른 사람이 촬영한 사진을 창의적인 시각에서 바라보고 유추, 추론을 하는 과정에서 새로운 개념을 발견하기도 한다.

유추는 형태적 유사성을 바탕으로 다른 개념을 추측해 나가기도 하지만 사물의 내면적 유사성을 바탕으로 다른 의미를 상상하고 읽어 내기도 한다. 또한 유추는 주변 환경과의 연계를 통한 성찰과 시각경험도 중요한 요소 중의 하나이다. 이렇게 유추, 추론을 통하여 다양한 공간의 메시지를 읽어 내고 콘셉트를 발견하게 되면, 자기

[2] 유추: 같은 종류의 것 또는 비슷한 것에 기초하여 다른 사물을 미루어 추측하는 일

[3] 추론: 어떠한 판단을 근거로 삼아 다른 판단을 이끌어냄

[표 4-2] 사진적 시각의 공간적인 사례

구 분	사 진	사진 설명
의도된 메시지 발견		**사물과 배경의 유사성에 대한 발견(의도된 유사성)** 보통 건축사진은 정면에서 촬영하는데, 옆의 사진은 유리 피라미드가 물에 비친 반영 사진으로 촬영되었다. 내부에 역피라미드의 유리 피라미드가 있음을 암시하는 듯한 장면이다. 물에 비친 유리 피라미드를 통하여 내부의 세계를 암시하려고 한 건축가의 의도를 추측해 볼 수 있다. 사진가는 이것을 읽어 내고 촬영하였다.
우연히 발견된 메시지		**사물과 배경의 유사성에 대한 발견(우연한 유사성)** 정원의 대리석 문양과 뒷배경의 나무 문양의 유사성 발견 자연과 건물이 하나의 장면처럼 보이도록 디자인한 건축가의 의도를 찾아낸다. 대리석 문양은 보는 시각에 따라 나뭇잎 모양이나 나뭇가지 같은 모양으로 보여지기도 한다. 앞에서 나무 담장에 그려진 나무와 뒤에 실제 나무가 하나의 나무처럼 보여진 사례처럼 대리석 패턴과 실제 나무가 하나의 숲처럼 보이도록 의도한 것으로 추측된다.

만의 감각을 더해 새로운 개념의 아이디어를 만들어낼 수도 있다.

특히 현대건축은 우연성을 통한 다의적인 개념이 공간에서 많이 나타나기 때문에 사진을 통한 공간읽기를 통하여 창의적인 시각을 갖는 학습과정이 필요하다.

사진적 시각은 유추, 추론을 통해 공간디자인에 대한 창의적인 시각을 갖게 한다.

4.3
사진 찍기 ──────────────────────

4.3.1 사진 찍기 계획 세우기

사진을 찍을 때는 우연히 찍는 경우와 찍고자 하는 장면에 대한 철저한 계획을 세우고 찍는 경우가 있다. 또한 계획을 세우고 찍은 경우에도 사진 찍을 당시에는 발견하지 못한 우연성이 개입하는 경우가 많이 있다.

[그림 4-5]는 원래 건물만 촬영하려고 했는데 우연히 카메라 프레임 안으로 지나가는 사람이 들어와 찍은 사진이다. 눈길을 따라 건물로 진입하는 듯한 사람으로 인해 시선을 건물로 향하게 하여 훨씬 느낌이 있는 사진이 되었다. [그림 4-6]은 미술관에서 미술작품을 촬영했는데, 촬영 후 컴퓨터 모니터로 자세히 보니 그림의 단발머리와 똑같은 단발머리를 한 소녀가 그림을 감상하고 있는 장면이 눈에 들어왔다. 우연히 찍힌 사진이지만 마치 의도한 것처럼 보이는 사례이다. 이처럼 우연성이

[그림 4-5] 우연성이 개입된 사진 (1)

[그림 4-6] 우연성이 개입된 사진 (2)

개입하는 것도 사진의 특징 중 하나이지만, 창작을 위한 사진은 대부분 철저한 계획
을 세우고 사진을 찍는다. 이 과정은 사전에 사진이 찍히는 장면을 예상하고 상상하는

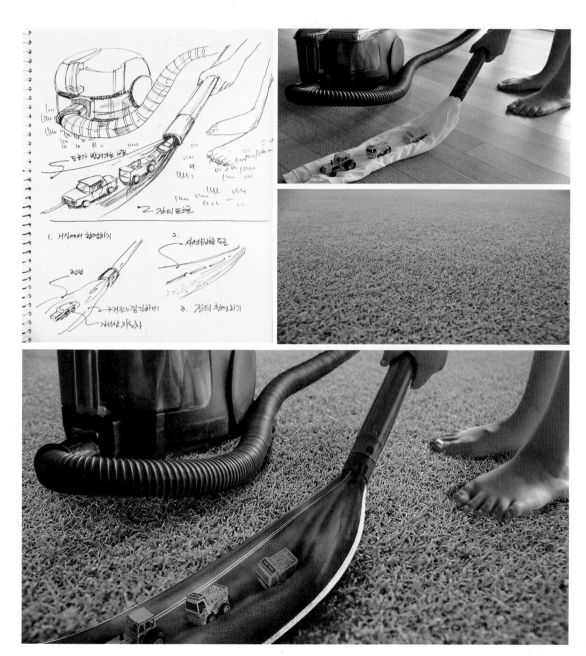

[그림 4-7] 사진 찍기 계획 세우기 과정

과정이 포함된다. 이것을 '사전 시각화'라고 표현하기도 한다. 사진을 촬영하기 전에 사진으로 나올 최종 결과물을 미리 머리 속에 그림처럼 그려보는 것이다. 사전 시각화는 사진을 찍기 전 전하고자 하는 주제를 다시 한번 정리하고 자신의 예술적 시각을 관객에게 전하게 되는 과정이다.

갑자기 사진을 찍으려고 하면 무엇을 찍을지, 왜 찍는지 모를 때가 많다. 따라서 사진을 촬영하기 전에 구체적인 계획을 세우면 자신이 생각하는 이미지를 보다 정확하게 표현할 수 있다. 간단한 콘티를 작성하거나 이미지를 그림으로 그려보는 과정을 통해 사진으로 표현하고자 하는 표현 의도 능력을 기를 수 있다.

[그림 4-7]은 어떤 사진을 찍을지 계획을 세우고 그 계획에 맞는 콘티를 작성한 후 계획에 맞는 대상을 찾아 사진을 찍는 과정이 잘 나타나 있다.

4.3.2 사진 찍기

사진을 어떻게 하면 잘 찍을 것인가에 대한 고민을 통하여 사진 찍는 방법을 습득하는 과정이다. 찍고자 하는 대상을 파인더를 통해 얼마만큼 담아낼 것인가의 과정인 프레임과 구도, 얼마만큼의 크기로 얼마만큼의 디테일로 담아낼 것인가의 과정인 형태, 질감, 얼마만큼의 거리에서 담아낼 것인가의 과정인 원근감에 대한 고려 등 카메라 조작법과 사진기법 등을 익히는 과정이다. 사진은 노출의 양과 셔터스피드에 따라 표현의 느낌이 달라지기도 한다. 사진적 시각에 따라 대상을 보는 눈이 창의적 시각으로 발전할 수 있다.

사진을 찍는다는 것은 단순한 촬영만 의미하는 것은 아니다. 촬영은 여러 가지 요소의 복합으로 산출되어지는 창작품을 말한다. 조형예술로서 사진은 점, 선, 면의 구도를 통하여 안정된 프레임을 찾는 것을 시작으로 톤의 효과적인 표현방법인 실루엣을 통한 밝음과 어두움의 표현, 구도를 위한 프레이밍, 형, 클로즈업, 중첩을 통한 사물의 형태와 질감표현, 사진의 깊이감을 위한 다중촬영 등의 원근법을 포함한다.

이 책에서 사진 찍기 프로그램은 5개의 과정으로 정리하였다.

1. 점, 선, 면

2. 프레이밍(구도)

3. 형태, 질감, 중첩

4. 다중촬영/원근법

5. 실루엣(톤의 대비)

4.3.3 점, 선, 면

사진 찍는 과정에서 가장 기초가 되는 과정이며, 일상생활에서 점, 선, 면의 요소를 찾아 조형의 원리를 발견할 수 있다.

사진에서 점, 선, 면은 조형적 기능과 함께 심리적인 의미도 있기 때문에 두 가지 기능을 함께 교육한다. 조형적 기능에서 점, 선, 면은 각각의 조형적 특성들이 많이 다루어진 반면, 심리적 의미에서 점, 선, 면은 각각의 특성 못지않게 주변 환경과의 관계가 매우 중요한 요소로 작용한다. 따라서 점, 선, 면은 프레이밍과도 밀접한 관계를 갖고 있고, 조형요소간의 심리적인 관계가 많이 작용한다. 사진과 공간의 기본 구도는 점에서 시작한다. 점은 모든 형태의 근원이다. 또한 점들이 모이면 선이 되는데 선이 생성되면서 방향이 생기기 때문에 공간에 움직임이 발생한다. 그리고 선이 모여 모양을 만들면 면이 형성된다.

(1) 점의 일반적인 사례

2장에서 사진조형의 점의 요소는 위치와 배경과의 관계가 중요하고 그 관계에 따라 심리적 요소들이 형성된다고 언급하였다. 사진에서 점의 가장 큰 특징은 시각적 가시성[4]을 높이는 데 있다. 한 점과 배경과의 대조, 점과 점의 크기나 형태, 컬러 등의 대조에 따라 가시성의 우선순위, 안정과 불안정, 정적인 느낌과 동적인 느낌 등 여러 가지 심리적인 관계들이 형성된다. 따라서 사진구도의 기본은 점으로부터 시작된다. 점은 면적의 개념보다는 위치의 개념이 더 강한 요소이다. 특정 위치에 점을

[4] 가시성: 배경으로부터 분리된 가시 대상의 존재나 색의 차이에 대하여 잘볼 수 있는 정도

[표 4-3] 점의 일반적인 사례

구 분	사진	사진 설명
중앙에 위치한 점		중앙에 위치한 점은 시선을 집중시키는 작용을 한다. 다른 대상이 있거나 배경이 강하면 인지하기 어렵다. 점의 색과 크기, 배경의 단순함에 따라 점을 인지하는 효과가 다르게 나타난다.
가장자리에 위치한 점		가장자리에 위치한 점은 가장 시각적인 안점감을 느끼며 배경을 효율적으로 활용할 수 있다. 하나의 점은 고요함, 평안함을 느끼게 한다.
크기가 같은 두 점		크기가 같은 두 점은 동시에 인지되며, 두 점의 힘의 관계는 대등하게 작용한다. 강하게 대비되는 사물이나 색으로 표현하며 화면 구성을 안정적으로 할 수 있다.
크기가 다른 두 점		크기가 다른 두 점은 거리감을 표현하는 도구가 된다. 큰 점에서 작은 점으로 시각이 이동하며 크기, 모양, 명암, 색에 따라 시각 이동이 생기기도 한다.

배치하면 그 점으로 인해 다양한 시각적 질서가 생성된다. 점은 한 개의 점, 여러 개의 점의 방식으로 구성된다. 그리고 점들의 위치에 따라 심리적 해석 작용이 크게 작용한다.

(2) 점의 공간적인 사례

일반적인 사진에서 점의 요소는 위치와 배경과의 관계가 중요하다. 공간에서 이러한 점의 요소는 공간의 질서를 형성한다. 공간에서 사물의 인지는 이러한 공간의 질서에 따라 디자인되어 나타나는 경우가 많이 있다.

공간에서 점의 요소는 시각의 질서를 갖게 하는 열쇠가 된다.

문손잡이나 비상구 표시 등 가시성이 돋보여야 하는 사물들은 시각의 흐름에서 가장 우선순위에 있어야 한다. 혹은 상업공간의 매장에서 전략 상품은 가장 가시성이 좋아야 한다. 우리가 어떤 공간을 접할 때, 특히 상업공간의 경우 입구에서 공간 안으로 들어갈지를 결정하는 것은 3초 이내이다. 이 3초 안에 고객을 매장으로 끌어들이려면 가시성이 좋은 상품의 놓인 위치가 중요하다. 가시성은 위치뿐만 아니라 크기, 색상 등에 따라 결정된다. 같은 크기의 점도 그 점이 놓여진 면 또는 공간의 넓이, 색상에 따라 달라 보이기 때문에 점과 배경의 관계는 더욱 중요해진다. 실내공간에서 점의 조형성은 액세서리나 가구, 조명 등의 배치에서 많이 활용된다. 기존에 있는 점의 요소에 다른 점의 요소가 추가되면 그 사이에 심리적인 장력이 생기는데 이것을 '공간적 장력'이라고 한다.

공간에서 점은 심리적 관점에서 집중형, 분산형, 연속형으로 나타난다. 그리고 이러한 공간의 질서는 공간디자인에만 국한되지 않고 디자인하는 과정에서 프레젠테이션을 위한 패널의 레이아웃에서도 작용한다. 패널의 가시성이 높아야 디자이너의 의도를 쉽고 빠르게 전달할 수 있기 때문이다.

[표 4-4] 점의 공간적인 사례

구분	사진	사진 설명
집중형 점의 기호		시각적 가시성이 중요하다. 그림에 있는 문손잡이는 점으로 인지된다. 배경이 되는 문의 문양이 단순할수록 손잡이는 더욱 부각된다.
분산형 점의 기호 크기		시각적 순서가 작용한다. 크기가 크고 가까운 가구에서 크기가 작고 거리가 먼 가구로 시선이 움직인다.
색상		가까운 거리에 있는 맨 앞의 가방보다 먼 거리에 있는 보라색의 가방에 시선이 먼저 움직인다.
연속형 점의 기호		시각적 연산작용이 일어난다. 점이 수평이나 수직 등 반복적으로 표현되면 패턴으로 인식하게 된다.

(3) 선의 일반적인 사례

사진에서 선은 안정적인 구도와 방향, 동적인 느낌, 깊이감을 나타내는 경우가 많다. 조형요소로서 선은 분명한 성질을 갖고 있으며 무언가를 암시하는 특징이 있다. 또한 선은 시선을 유도하는 목적을 갖고 있다. 선은 분명한 형태를 만들기도 하고 길이에 따라 방향과 움직임이라는 역동적 특성이 나타나기도 한다. 선이 어떻게 배치되는지에 따라서 화면의 구성이 나눠지기도 하고 하나로 연결되기도 한다. 짧은 선이 많으면 불안, 혼란, 흥분의 느낌이 강해지고, 길고 굵은 선이 있으면 안정감이 강해진다. 사진에서 선은 두 개 이상의 점을 연결하는 가상의 선과 피사체 자체가 가지고 있는 피사체의 선이 있다. 피사체가 가지고 있는 선을 잘 살려 사진의 구도에 가장 알맞은 표현을 해야 한다.

[표 4-5] 선의 일반적인 사례

구 분	사진	사진 설명
화면 중앙 수평선		피사체나 주변 배경에 의해 화면이 수평분할된다. (서로 다른 두 배경의 균형) 조용하고 안정적 느낌을 준다.
화면 가장자리 수평선		황금분할비율의 삼등분할 가장 조화로운 구도로, 조용하고 안정적인 느낌을 준다.

[표 4-5] 선의 일반적인 사례 (계속)

구 분	사진	사진 설명
화면 중앙 수직선		피사체나 주변 배경에 의해 사진이 수직분할된다. 강인한 힘과 높이를 강조하고, 성장과 엄숙함을 의미하기도 한다.
두 개의 수직선		운동성과 방향성이 강하게 나타난다. 강인한 힘과 높이를 강조한다.
대각선		시선이 방향을 갖게 되어 활동성과 역동적인 느낌을 준다. 거리감을 표현할 때 가장 적합한 구도이다.
가상의 선		그림을 보면 창문과 문으로 구성되는 두 개의 점이 불안정한 가상의 선으로 연결되지만, 아래의 수평선 구도가 불안정한 가상의 선을 안정된 선으로 보이도록 보정해 주는 역할을 한다.

(4) 선의 공간적인 사례

공간에서 선의 요소가 가지고 있는 사진의 의미는 공간의 성질을 형성하는 것이다. 공간에서 선을 수평선, 수직선, 사선, 곡선으로 어떻게 연출하느냐에 따라 공간의 느낌은 많이 달라진다. 선의 요소에 따라 안정감을 느끼기도 하고 불안정한 느낌을 받기도 한다. 이렇게 선의 역할과 의의는 중요한 가치를 지니고 있기에 공간구성은 선의 구성이라고도 할 수 있다.

공간에서 선의 요소는 공간의 성질을 결정하는 열쇠가 된다.

선은 자연이나 현상 속 어디에나 존재하고 모든 형태의 주체가 되기 때문에 사진에서 어떻게 선을 찾아내고 표현하는가에 따라 공간의 느낌은 많이 달라진다. 기본

[표 4-6] 선의 공간적인 사례

구 분	사진	사진 설명
직선형 선의 기호	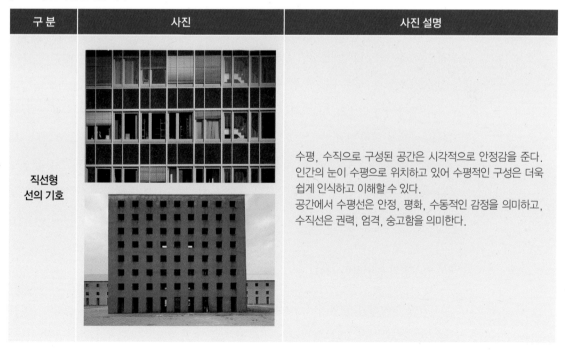	수평, 수직으로 구성된 공간은 시각적으로 안정감을 준다. 인간의 눈이 수평으로 위치하고 있어 수평적인 구성은 더욱 쉽게 인식하고 이해할 수 있다. 공간에서 수평선은 안정, 평화, 수동적인 감정을 의미하고, 수직선은 권력, 엄격, 숭고함을 의미한다.

[표 4-6] 선의 공간적인 사례 (계속)

구 분	사진	사진 설명
사선형 선의 기호		규격화된 틀 속을 벗어나고 싶은 힘, 자유, 일탈, 현실도피의 불안정한 요소를 상징한다. 큰 변화를 요구하는 공간에 효과적이며 공간에 방향감과 운동감을 준다.
곡선형 선의 기호		곡선은 직선에서 찾아볼 수 없는 리듬감이 느껴진다. 또한 곡선은 유순, 고상, 우아, 여성, 자유로움 등을 의미하기도 한다. 물 흐르는 듯한 부드러움을 느끼게 한다.

적으로 사진의 선은 안정적인 구도를 추구하지만 때로는 사선의 공간을 통하여 불안정한 감정을 표현하기도 한다. 사진에서 선은 어떤 위치에서 사물을 바라보는가에 따라 수평선이 되기도 하고 사선이 되기도 하기 때문에 사물과 바라보는 대상의 위치는 아주 중요한 요소로 작용한다. 그리고 공간에서 선은 공간의 방향을 만든다. 시선은 선을 따라 움직인다. 이 시선은 움직이는 위치에 따라 달라지게 되므로 촬영자와 사물의 관계는 선의 방향에 중요한 요소로 작용한다. 선의 배치에 따라 형태가 달라지고 공간의 구분이 생기기도 한다.

(5) 면의 일반적인 사례

점이 연속하여 연결되면 선이 되고 선이 연속하여 연결되면 면을 형성하게 된다. 따라서 점과 선은 면을 형성하는 기본적 요소이다. 면을 통해 이미지는 구체적으로 체계화되어 보여진다. 면 중에서도 가장 기본이 되는 것은 평면이다. 평면은 단순하

[표 4-7] 면의 일반적인 사례

구 분	사진	사진 설명
직선으로 표현된 면		수평선, 수직선의 의미가 내재되어 있다. 인공적으로 만들어진 선들로 인해 인위적인 느낌이 강하다. 창문 같은 패턴으로 표현하는 경우가 많다.
곡선으로 표현된 면		밤하늘에 떠 있는 별의 궤적을 촬영한 사진인데, 우주의 풍경도 하나의 면으로 인식되고 곡면의 하늘은 경계가 불분명하여 무한히 확장된 느낌을 갖게 한다.
패턴으로 표현된 면		반복적으로 나열된 면들은 패턴으로 인식된다. 패턴은 수평 방향, 수직 방향 혹은 교차하며 나타나기도 한다.

면서 절제 있게 보이는 특징이 있다. 면은 혼자 독립적으로 배치되기도 하고 두 개 이상이 중첩된 형태로 배치되기도 한다. 점, 선, 면, 색채가 둘 이상 일정하게 배치되면 긴장감이 조성된다.

(6) 면의 공간적인 사례

공간을 이루는 3요소인 바닥, 벽, 천장은 면으로 이루어져 있다. 이 면은 직선과 곡선에 따라 공간의 경계가 명확하게 드러난다. 공간에서 면은 2차원의 평면과 3차원의 입체로 나타나는데, 2차원의 평면은 주로 공간의 배경이 되고 3차원의 입체는 주체로 표현하는 경우가 많다. 그리고 면의 크기, 형상, 색상 및 질감 등에 따라 공간의 성격이 결정된다.

[표 4-8] 면의 공간적인 사례

구 분	사진	사진 설명
패턴으로 표현되는 면의 기호		점과 선이 만나 반복적인 패턴으로 주로 표현된다. 창이나 벽의 마감에서 패턴으로 나타난다. 2차원의 평면으로 공간에서 배경으로 인지되는 경우가 많다.
직선으로 표현되는 면의 기호		직선으로 표현되는 면은 공간의 경계가 명확하게 나타난다. 톤의 변화를 주면 공간의 경계는 더욱더 강조되어 강한 입체감을 나타낸다. 2차원으로 표현된 면은 주로 배경으로 인지되고, 3차원으로 표현된 면은 주체로 인지되는 경우가 많다.
곡선으로 표현되는 면의 기호		곡선으로 표현되는 면은 공간의 경계가 명확하지 않아 실제보다 확장된 공간의 느낌을 갖게 한다. 사진에서 나타나는 곡선 벽은 내부에서 외부로 확장되며 실제 공간보다 더 크게 느껴진다. 공간에서 곡선의 면은 주로 3차원으로 표현되어진다.

공간에서 면의 요소는 공간의 경계와 패턴을 결정하는 열쇠가 된다.

선이 동적인 성질을 가지고 있고 그림으로 인식되는 반면, 면은 정적인 느낌이 강하며 점과 선의 배경으로 인식된다. 면은 점과 선에서 느낄 수 없는 원근감이나 질감을 포함할 수 있으며 색채효과에 의한 공간감이나 입체감도 느낄 수 있다. 특히 분절된 면들은 입체효과를 강조하기도 하여 그림자가 강하게 나타나는 정오에 사진을 촬영하면 입체감이 더욱 잘 표현된다.

또한 면들이 반복이나 결합을 통하여 패턴의 형태로 나타나기도 한다.

4.3.4 프레이밍(구도)

프레이밍은 사진을 찍을 때 세상을 얼마만큼 잘라내 사진에 담을지를 결정하는 것이다. 작가의 의도를 한정짓는 공간이라고 할 수 있다. 눈에 보이는 장면 중에 가로와 세로를 어떻게 한정지을지 결정하는 것이 프레이밍이다.

[그림 4-8]의 왼쪽 그림은 건물과 함께 주변 배경이 함께 나와 주변 환경에 대한 맥락을 알 수 있는 구도를 보여주지만 화면이 너무 넓어서 주제에 대한 집중도가 떨어진다. 반면 오른쪽 사진은 주변 배경을 제거하여 한 가지 주제만 부각시키고 있다. 또한 왼쪽 사진은 지나가는 사람 등 여러 복합 요소가 혼재해 있어 여러 가지 상상과 추측을 가능하게 하는 구도이지만, 오른쪽 사진은 작가가 보여주고자 하는 장면이 명확하게 제시되어 있는 구도이다.

사진에서 구도는 회화의 구도와 개념이 많이 다르다. 회화에서 구도는 존재하지 않는 공간에 작가의 느낌이나 감정을 그림으로 채워 넣는 것이라면, 사진에서 구도는 실제로 존재하고 있는 현실 속에서 그 시공간의 일부를 잘라내어 표현하는 것이다. 공간을 조직하는 요소로서 구도는 사진에서 프레임으로 설명할 수 있다. 구도를 배우는 목적은 전체 공간 안에서 작가가 보고 있는 대상을 안정적이며 아름답게 화면에 담아내기 위한 눈을 훈련하는 데 있다. 사진에서 프레임을 통하여 화면을 구성

[그림 4-8] 프레이밍

하는 것은 공간을 분할 배치하여 구성하는 조형요소의 원리와 같다. 공간에서 채워야 할 부분과 비워야 할 부분에 대한 명확한 판단을 훈련하게 되는 과정이다.

(1) 프레이밍(구도)의 일반적인 사례

사진에서 프레이밍은 두 가지 의미로 사용한다. 첫째는 '선택과 제거'의 의미이고, 둘째는 '구도'의 의미이다.

첫째, 선택과 제거란 무한대의 공간을 대상으로 그 공간 내의 어떤 부분을 촬영자가 필요한 부분만을 선택해서 한정된 평면에 표현하는 것을 말한다. 화면 속에서 공간이 가장 효과적으로 부각되는 대상을 찾아내고, 필요 없는 부분은 화면에서 제거한다. 이렇게 사진은 현실의 한 부분을 떼어내는 작업이다. 따라서 구도는 현실의 어느 부분을 떼어내느냐에 따라 자연스럽게 결정된다.

둘째, 프레이밍에서 구도란 촬영 시에 파인더의 시야 틀에서 화면을 안정적이고 아름답게 구성하는 것을 말한다. 프레임(frame)이라는 표현을 많이 사용하기도 하는데, 카메라의 위치와 가로, 세로의 앵글을 정하고, 촬영에 적절한 렌즈, 트라이포드[5]를 사용할지 등 촬영에 필요한 상세한 것을 결정하는 과정을 포함한다. 어디에서 촬영해야 가장 좋은 이미지, 가장 강력한 이미지를 만들 수 있는지를 결정하는 절차라고 할 수 있다. 촬영자는 프레이밍을 통해 공간을 작가의 시선으로 재구성한다.

[5] 트라이포드: 카메라를 지지하는 삼각대

[표 4-9] 프레이밍(구도)의 일반적인 사례

구 분	사 진	사진 설명
가로 프레임		피사체와 배경의 여백에 따라 다른 느낌을 준다. 배경과의 조화가 중요하며, 안정적 느낌을 준다. 근경, 원경, 중경 중 일부만 포함된다. 기차가 들어오는 공간과 여백의 공간을 통해 주변과의 관계가 보여진다.
세로 프레임		주 피사체를 돋보이게 하는 구도이며, 주변의 배경은 잘려나가 보이지 않는다. 근경, 원경, 중경이 모두 포함되는 경우가 많다. 주변 공간에 대한 정보가 없어 사진에 보여지는 장면만 부각된다.
클로즈업 (프레이밍)		공간적 관념을 벗어난 내면의 현실이나 감정을 표현한다. 사물의 본질과 정수를 응축시킨다.

(2) 프레이밍(구도)의 공간적인 사례

현실의 공간은 한없이 이어져 있기 때문에 자신이 촬영하고자 하는 현실공간 속에서 촬영대상을 찾아내고 불필요한 요소는 화면에서 제거한다. 필요한 공간을 필요한 만큼 따내는 작업을 통해 공간에서 돋보이는 장면을 강조하여 공간에 대한 용도나 성격을 더욱 부각시킬 수 있다.

공간에서 프레이밍(구도)은 공간의 더하기, 빼기

즉, 공간을 선택하는 과정이다.

사진에서 나타나는 프레이밍은 공간의 한 부분이고 시선이 멈추는 장소가 된다. 프레이밍은 공간 안에서 자신이 선택한 시점의 표시이다.

건축공간에서 프레이밍은 가로, 세로의 창을 통해 표현되는 경우가 많고 디자인 프레젠테이션 과정에서 어느 공간을 건축주에게 보여줄 것인지, 혹은 건축사진에서 어느 부분을 전체 공간 가운데 선별하여 보여줄 것인지를 결정하는 아주 중요한 요소가 된다.

[표 4-10] 프레이밍(구도)의 공간적인 사례

구 분	사진	사진 설명
수평분할 프레임		사진에서 수평분할 프레임은 배경과 깊은 관계가 있다. 주 피사체와 더불어 배경이 같은 구도 안에 들어온다. 공간에서 수평창은 근경, 원경, 중경을 다 점유하기는 힘들지만 아름다운 배경을 더욱 돋보이게 하는 역할을 한다. 일조시간도 길게 연장할 수 있어 밝은 실내공간을 만들어 준다.
수직분할 프레임		사진에서 수직분할 프레임은 배경은 배제하고 주 피사체만 돋보이게 하는 경우 많이 사용하는 구도이다. 공간에서도 수직창은 주위의 불필요한 풍경은 가려 주고 필요한 풍경만을 보여주기 때문에 가시성이 높아진다. 일조시간이 짧기 때문에 교회 같은 종교건축에서 특정한 시간에 극적인 느낌을 연출하기 위해 사용한다.

[표 4-10] 프레이밍(구도)의 공간적인 사례 (계속)

구 분	사진	사진 설명
클로즈업		클로즈업은 공간에서 어느 한 부분의 강조를 통하여 연출된다. 공간에서는 관심의 초점이자 시각적 중심이 되기도 한다. 형태의 대조나 크기, 반복 등의 연출기법을 주로 사용한다. 때로는 실제 사물 속에 내재되어 있는 그 사물의 내재적 본질을 보여준다.
프레임 속 프레임		벽을 통해 불필요한 공간은 가려 주고 필요한 공간만 보이게 하여 공간에 대한 집중력을 높여준다.

4.3.5 형태, 질감, 중첩

사진을 구성하는 요소 중 선은 아주 중요한데, 선들이 모여 형태를 만들기 때문이다. 복잡한 선은 복잡한 형태를, 간결한 선은 간결한 형태를 만든다. 간결한 형태는 추상적 느낌을 준다.

[그림 4-9]의 사진을 보면 3차원 형태인 머그잔이 보는 위치에 따라 형태가 사라지고 머그잔을 구성하는 가장 단순화된 도형인 원의 모양으로 표현되었다. 배경 또한 검은색으로 처리하여 흑과 백의 단순 대비를 통해 추상화 같은 장면을 연출한다. 이렇게 사진 찍는 과정에서 숨어있는 조형의 기본 형태를 찾아내는 것은 질감이나 외적 관계를 통하여 형태를 구분하는 조형원리와 같다고 볼 수 있다.

사진에서 표현하는 중첩과 공간에서 표현하는 중첩은 거리감, 깊이감과 관계가 있다. 그리고 거리감, 깊이감은 형태의 대비나 질감의 대비를 통해 나타나는 경우가 많기 때문에 사진 촬영 시 형태나 질감의 중첩을 통하여 거리감을 표현한다.

[그림 4-9] 추상화된 형태

[그림 4-10] 촉각적 질감이 강조된 사진

(1) 형태, 질감, 중첩의 일반적인 사례

사진에서 형태는 간결할수록 돋보인다. 여러 관계와 환경 속에서 간결한 표현은 가시성을 높여 주기 때문이다. 사람은 서로 연관성이 없는 여러 구성 요소들로 이루어진 형태를 보았을 때, 어떤 형태로든지 지각하기 쉬운 형태로 묶어서 바라보려는 경향이 있다. 즉, 형태를 단순화시키려고 한다. 따라서 복잡한 현실공간에서 간결한 형태를 찾아내는 기술이 필요하다. 반복된 형태는 패턴을 만드는 요소가 된다. 또한 이렇게 간결하거나 반복된 형태는 추상적 느낌을 표현할 때가 많다.

사진에서 질감은 촉각적 느낌을 시각화하여 전달한다. 촉각의 시각화란 질감에서 느껴지는 촉각적 느낌을 눈으로 느낀다는 것이다. 이 느낌은 표면과 깊이의 대비에서 일어난다. [그림 4-10]은 서대문 형무소의 내부에 있는 벽을 촬영하였는데, 벽돌의 깊이 굴곡에 따라 촉각적 느낌이 다르게 나타난다. 여기에 빛의 강한 대비로 인한 깊이감은 심리적으로 공포를 더욱 강조한다.

때로는 질감의 표현을 재료의 직접적인 표현보다는 재료의 중첩을 통해 강한 물성을 보여주는 방식으로 표현하기도 한다.

사진에서 중첩은 보통 두 개의 표현방법을 많이 사용한다. 하나는 형태의 중첩이고, 또 하나는 재료의 중첩이다. 형태의 중첩은 가려짐이나 크기의 대비를 통한 원근법을 강조할 때 많이 사용하고, 재료의 중첩은 두 재료의 혼합을 통한 추상적인 표현을 할 때 주로 사용한다.

[표 4-11] 형태, 질감, 중첩의 일반적인 사례

구 분		사 진	사진 설명
형태			사물을 돋보이게 하려면 단순화된 형태가 좋다. 면의 반복을 통한 패턴이나 형태가 단순화 되면 추상적인 느낌을 준다.
질감			사물의 극명한 표현으로 촉각적 효과가 나타난다. 클로즈업 촬영으로 대상체의 실재감, 존재 감과 함께 내면적 의미와 본질을 강조한다.
중첩	재료의 중첩		비 온 후 아스팔트에 비친 나무를 촬영한 사진이다. 아스팔트와 물이 중첩되어 밤하늘의 은하수 같은 장면이 연출되었다. 이질 재료의 시각적 혼합을 통한 착시 효과를 나타낸다.
	형태의 중첩	(사진제공 : 김진희)	뒤에 있는 사물은 중첩될수록 가려져 원근의 우선순위를 정확하게 감지하게 된다. 때로는 크기의 대비를 통해 원근법이나 역원 근법적인 느낌을 연출하기도 한다.

(2) 형태, 질감, 중첩의 공간적인 사례

사진에서 형태, 질감, 중첩은 추상적인 표현을 하고 싶을 때 많이 사용한다. 공간에서 추상적인 표현도 공간을 단순화시키는 과정에서 주로 발생한다. 인간의 인지구조는 조건이 허락하는 한 가급적 단순한 형태로 보려는 경향이 있다고 한다.

공간디자인에서 형태, 질감, 중첩은 전체보다는 디테일한 부분을 강조해서 표현한다. 형태는 인간의 감각 중에서 시각과 촉각에 의해 지각되기 때문에 시각과 촉각의 감각적 경험은 중요하다. 또한 형태는 시각 구성의 집합체이기 때문에 형태에 색채, 질감, 명암, 패턴 등을 더하여 표현해야 한다. 질감은 재질감과 표질감이 있는데 공간디자인에서는 주로 표질감을 의미한다. 여기서 표질감은 시각을 통한 촉각 감각을 말한다.

건축물은 여러 종류의 재료들이 사용되고 있고, 재료끼리의 혼합이므로 재료의 질감을 정확히 찍는 기술이 필요하다. 건축의 재료는 찍는 방법에 따라 건물의 이미지도 쉽게 바뀌어 버리기 때문에 유리, 벽돌, 콘크리트, 철, 목재 등 본래의 질감을 잘 표현할 수 있는 촬영기술이 필요하다. 이러한 다양한 재료가 가진 질감의 묘사는 건축물의 표현에 있어서 중요한 요소가 된다. 이들 재료의 질감을 사진에서 정확하게 재현해내는 일은 건축물 전체를 바르게 전달해 줄 수 있기 때문이다. 하지만 때로는 보는 시각에 따라 본래 재료가 갖고 있는 질감을 다르게 보이도록 연출하는 경우가 있다. 이러한 경우 공간에서는 중첩을 통하여 연출하는 경우가 많이 있다. 서로 다른 재료나 형태를 중첩시켜 사진에서 추상적 표현을 하는 것처럼, 공간에서도 중첩을 통해 전혀 다른 재질감이나 형태를 표현해 낼 수 있는 것이다.

형태, 질감, 중첩의 기법은 공간을 추상화시키거나 단순화시키는 방법으로 적용할 수 있다.

[표 4-12] 형태, 질감, 중첩의 공간적인 사례

구 분		사진	사진 설명
형태			형태는 공간의 규모에 따라 크기와 모양이 다양하게 연출된다. 특히 단순화된 기본 도형은 형태를 더욱 돋보이게 만든다. 형태가 반복되면 패턴으로 나타난다. 기하학적으로 가장 규칙적인 도형은 원이다.
질감			공간디자인에서 질감은 표면처리 방법에 따라 다양한 느낌을 전달한다. 표면 상태에 따라서 빛의 흡수, 투과, 반사 효과가 전혀 다르게 연출된다. 공간을 표현한 사진에서 질감의 표현은 건물의 내면적인 의미와 본질을 강조하기도 한다. 위의 사진은 재료의 본질을 사실적으로 표현한 것이고, 아래 사진은 재료의 본질을 내면적 의미로 표현한 것이다.
중첩	재료의 중첩		유리면에 스크린 인쇄된 식물 문양은 빛의 위치에 따라 농도가 다르게 나타나며 내부의 실제 식물과 혼합되어 커다란 숲과 같은 시각적 착시를 가져온다.
	형태의 중첩		공간에서 중첩은 두 개 이상의 장면이 겹쳐지면서 하나의 장면처럼 연출되었을 때 새로운 형태나 질감으로 보이게 되는데 이것을 의도적으로 연출하는 경우가 있다. 옆의 사진에서 앞면의 동그란 형태의 오브제는 뒷공간과 겹쳐지며 눈 오는 날의 풍경 같은 장면을 만들어내고 있다.

4.3.6 다중촬영 / 원근법

사진을 찍을 때 공간감은 [그림 4-11]처럼 압축원근법으로 인해 표현이 안 되는 경우가 많이 있다. [그림 4-11]의 앞에 있는 주택과 뒤에 있는 아파트는 버스 한 정거장 정도의 거리인데 마치 이웃하고 있는 것처럼 사진에 표현되었다. 특히 망원계열의 촬영일수록 압축원근법은 더 강하게 나타난다. 따라서 사진과 공간조형은 원근감을 느끼게 하는 장치가 있다. 사진은 반영이나 다중촬영의 개념으로 원근감을 표현하기도 한다. 다중촬영은 한 번 노출되었던 단일 프레임이 재노출을 받아 한 프레임 내에 여러 개의 영상이 겹쳐져 표현하는 것으로, 2장 이상의 사진을 사진 하나의 이미지로 표현하는 것을 말한다. 공간조형에서 원근표현은 공기원근법, 선원근법, 과장원근법 등의 개념을 주로 사용한다.

[그림 4-11] 압축원근법

(1) 다중촬영 / 원근법의 일반적인 사례

사진에서 원근감을 느끼게 하는 방법은 여러 가지가 있다. 렌즈의 심도를 이용하는 방법도 있지만 명암대비에 의한 방법, 사물의 크기 배열에 의한 방법, 시점에 의한 방법, 중첩이나 다중촬영에 의한 방법으로도 원근감을 나타낼 수 있다. 다중촬영의 목적은 실제로 존재하는 여러 장의 사진을 사용하여 촬영자 본인이 창조해낸 풍경이나 인물사진을 새롭게 창출하여 표현의 세계를 넓히는 데 있다고 할 수 있다. 포토몽타주가 촬영 후의 작업이라면, 다중촬영은 촬영 전의 작업이라고 할 수 있고 사진을 촬영하기 전 미리 의도한 계획에 의해서 만들어지는 이미지인 것이다. 사진으로 원근감의 표현이 어려울 때 유리에 반영된 느낌 같은 다중촬영을 통해 간접적인 원근감을 연출할 수 있다.

[표 4-13] 다중촬영 / 원근법의 일반적인 사례

구 분	사진	사진 설명
공기 원근법		색채와 명암대비, 선명도 조절을 통한 방법으로 원근을 표현한다. 근경과 원경의 대비로 공간에 깊이감을 주는 조형원리이다.
과장 원근법		공간보다는 주제를 강조하기 위해 전경의 피사체를 압도적으로 크게 촬영하여 깊이감을 제공하는 조형원리이다. 주로 로우 앵글을 많이 사용하여 과장된 느낌으로 표현한다.
선 원근법		카메라 밖의 실제 세계에 존재하는 평행선들을 사진 속의 평면 속으로 모아지도록 촬영해서 보는 이들에게 깊이감을 제공하는 조형원리이다. 프레임의 모서리에 선이 생기면 훨씬 안정적인 거리감을 표현할 수 있다.
다각 원근법 (다중촬영)		위의 원근법으로 표현하기 어려운 장면에서 원근감을 표현할 때 주로 사용한다. 중첩의 원리로 동시에 여러 각도나 장면이 겹쳐져 2차원적으로 표현되는 사진에서 거리감을 느낄 수 있는 방법이다. 실제로 원근감이 없는 공간도 착시에 의해 원근감이 느껴진다.

(2) 다중촬영 / 원근법의 공간적인 사례

사진에서 공간의 깊이감을 주기 위한 방법으로는 공기원근법, 선원근법, 과장원근법, 다각원근법 등을 주로 사용한다. 특히 다각원근법은 시점이 다른 여러 공간에서의 시선을 한 공간 안에서 표현하려고 한다. 이것은 시간의 이동, 공간의 이동과 연결된다. 사진에서는 다중 프레임, 혹은 다중촬영의 기법을 통하여 다중적인 시점의 표현이 가능하다.

사진에서 다중촬영, 원근법을 통해 공간의 시점을 표현할 수 있다.

프랑크 게리(Frank Gehry, 1929~)의 구겐하임 미술관은 여러 각도에서 대상물을 바라보는 다각원근법이 적용되었다. 우리의 눈은 전체 구성을 형성하기 위해 많은 이미지들을 배합시키면서 하나의 대상물에서 또 다른 대상물로 움직이기 때문에 다각원근법은 현대 건축에서 공간을 구성하는 원리로 자주 사용된다.

[표 4-14] 다중촬영 / 원근법의 공간적인 사례

구 분	사진	사진 설명
공기 원근법		건축공간에서 공기원근법은 외벽의 테두리를 사용한 명암 대비를 통하여 많이 나타난다. 내부의 어두운 부분과 외부의 밝은 부분을 대비시켜 깊이감을 만든다. 사진에서 노출을 외부 풍경에 맞추어 내부를 더욱 어둡게 하여 거리감을 극대화시켰다.
과장 원근법		광각렌즈의 왜곡을 사용하여 웅장한 기둥을 더 극대화시켜 비현실적인 공간을 만들었다. 기둥 밑단은 더욱 크게 강조되고 윗단은 축소되어 실제보다 더 깊이가 느껴지는 공간이 연출되었다.

[표 4-14] 다중촬영 / 원근법의 공간적인 사례 (계속)

구 분	사진	사진 설명
선 원근법		양쪽에서 시선이 중앙으로 집중되면서 원근감이 느껴진다. 주로 대각선 구도를 많이 사용하며 프레임 네 모서리 끝에 대각선을 맞추면 더 집중력 있는 원근감이 형성된다.
다각 원근법		시간과 시점이 다른 여러 장면의 사진을 한 장에 합치면 다양한 공간감을 체험해 볼 수 있다. 사진에서는 겹쳐지는 방식으로 거리감을 주기도 하고, 유리에 비치는 반영같은 여러 시점들을 통해 시간과 공간의 시각적 이동을 동시에 표현할 수 있다.

4.3.7 실루엣(톤의 대비)

빛과 어두움의 대비는 사진을 찍을 때 극적인 장면을 연출하는데 효과적이다. 이러한 톤의 대비는 사진에서 실루엣으로 많이 표현한다. 사진에서 실루엣은 2개의 평면(주제 피사체와 평면)의 형체와 윤곽만으로 이미지를 구성하는 기법을 말하는데, 보통 인물을 표현한 사진에서는 실루엣을 통해 극적인 장면을 연출하고, 공간을 표현한 사진에서는 그림자를 통해 시노그래피적 효과나 거리감, 깊이감의 표현을 주로 사용한다.

(1) 실루엣의 일반적인 사례

실루엣(silhouette)은 사람이나 사물의 '윤곽'을 뜻하며, 역광사진으로 피사체의 윤곽이 검게 나타나는 것을 말하는 사진용어로 쓰이기도 한다. 강한 빛이 피사체의 뒤로

[표 4-15] 실루엣의 일반적인 사례

구 분	사진	사진 설명
역광사진		영화적 공간연출에 효과적이다. 빛과 대상체, 촬영자의 위치가 중요하다. 윤곽을 강조하여 명확한 메시지를 전달한다.
그림자/ 반영사진		그림자는 허상이고 실루엣은 실상이지만 사진적 효과는 비슷하다. 그림자 사진은 배경의 관계가 중요하다. 배경의 선택에 따라 다양한 공간연출이 가능하다.

들어오면 앞쪽은 어두워져 피사체가 까맣게 보이는 사진을 말한다. 실루엣 촬영은 배경을 그대로 살려주면서 주된 피사체를 어둡게 한다. 특히 신비스럽고 환상적인 느낌을 표현할 때 사용하면 효과적이다.

　실루엣 사진은 글쓰기에서 은유법에 비유되기도 한다. 왜냐하면 인물이나 사물의 상세한 묘사를 생략하고 피사체의 윤곽만을 강조하여 상상력을 동반한 메시지를 전달하기 때문이다. 사진가는 빛과 그림자를 사진적 은유로 활용해 자신의 시각과 관점을 표현하는 경우가 많다. 사진에서 빛과 그림자는 긍정과 부정, 혹은 선과 악, 힘과 열등 등 2가지 관계 속에서 은유적인 의미를 갖는다. 그리고 실루엣 사진은 미학적으로 선과 면의 구성이 중요하다.

(2) 실루엣의 공간적인 사례

공간사진은 인물의 여부에 따라 지시기능이 달라진다. 인물이 없으면 공간의 기능보다는 재질이나 형태가 먼저 인지되어 건축의 본질을 탐색하게 된다. 반면 인물이 공간에 들어가게 되면 공간의 행위주체가 되는 인물에 의해 공간의 기능을 주시하게 되며, 공간에 어떤 행위를 지시하는 기능이 더 강하게 나타나게 된다.

최근 건축공간은 건축가의 의도보다는 행위자에 의해 만들어지는 오픈 스페이스를 중요시하기 때문에 공간에서 인물의 행위 표현은 공간의 기능을 지시하게 하는 중요한 기호가 된다.

공간사진에서 인물의 표현은 보통 두 가지 접근 방법이 있는데, 첫째, 현실 그대로 표현하는 것이고, 둘째, 실루엣으로 표현하는 것이다.

현실 그대로의 모습은 사실적이지만 생동감을 준다. 반면 실루엣은 현실보다는 영화 같은 가상의 느낌이 강하며 좀 더 분위기 있는 장면을 연출할 수 있다. 또한 상세한 묘사 대신 상상의 장면을 통한 은유적인 표현이 가능하다. 상세한 묘사가 빠진 인물의 행위는 공간의 기능과 함께 공간의 본질을 바라볼 수 있게 한다.

[그림 4-12]는 1인 가구를 위한 라이프 스타일 샵 계획안인데, 공간을 계획한 3D 도면에 사람을 사실적으로 표현하여 사람의 행위가 공간의 기능을 강조하고 있다.

[그림 4-13]은 위안부 할머니를 위한 역사도서관 계획안인데, 사람을 실루엣으로 처리하여 공간의 기능보다는 공간 자체의 본질을 바라보게 한다.

실루엣은 일반적으로 조명에 의해 연출하는 경우가 많지만 그림자를 통한 빛과 어두움의 대비를 통하여 표현하는 경우도 많이 있다. 또한 실루엣 사진의 특징은 현실과 가상의 표현이 가능하다는 것이다.

그림자와 실루엣으로 표현된 사진은 현실이면서 가상의 느낌을 강하게 만드는 특징이 있다.

그림자는 실체가 아니면서 비춰진 배경의 질감을 담아낸다. 공간에서 실루엣은 빛과의 위치가 중요하기 때문에 조명의 위치와 대상의 관계는 매우 중요하다. 중첩의

이곳은 로비를 화려하게 밝혀 들어오는 순간부터 동화같은 공간에 온 듯한 느낌을 준다.
위를 올려다보면 천장이 보이지 않고 레벨이 다른 단과 계단으로만 이어진 2,3층의 모습이 훤히
보여 공간에 대한 호기심을 유도하고, 테라스를 통해 외부와 내부간의 공간 소통도 가능하다.

[그림 4-12] 인물을 사실적으로 표현한 공간

기억의 공간 _B1 전시관 (다중전시)
투명도가 있는 유리상자들을 두고 투명도를 조절한 위안부에 대한 사진을 담는다. 시선의 위치에 따라 겹쳐 보이며 여러 가지 스토리를 생각하도록 한다.

[그림 4-13] 인물을 실루엣으로 표현한 공간

[표 4-16] 실루엣의 공간적인 사례

구 분	사진	사진 설명
그림자로 연출되는 실루엣		건축에 포커스가 맞춰진 게 아니라 그림자를 포착하여 영화의 한 장면 같은 공간이 연출되었다. 벽은 무대가 되어 그림자에 따라 다양한 모습을 연출한다.
조명으로 연출되는 실루엣	① ②	조명이 피사체의 안쪽에 배치되어 사람은 역광을 받아 실루엣으로 표현된 사진이다. 사진 ①은 피사체 앞에 철제 블라인드가 설치되어 있고, 사진 ②는 피사체 뒤에 루버가 설치되어 있다. 블라인드나 루버는 피사체와 동일하게 실루엣으로 표현되어 입체감이 사라지고 보는 시각에 따라 인물과 중첩되어 비 오는 풍경의 영화 속 장면처럼 느껴지기도 한다. 사진 ②는 인공조명보다는 창밖의 자연조명에 의해 실루엣이 형성되었다.

기법을 함께 쓰면 영화 같은 가상의 느낌을 표현할 수도 있다. 사진을 촬영할 때 노출을 인물에 맞출 것인지, 배경에 맞출 것인지에 대한 결정에 따라 실루엣 사진은 생성된다.

4.4
사진으로 글쓰기 ―――――――――――――――

　　찍은 사진에 글을 쓰는 과정이다. 사진으로 글을 쓰는 것은 스토리를 만들고 자신의 이야기를 사진을 통하여 표현하는 것을 말한다. 사진에 글이 포함되기도 하지만 사진만으로 글을 쓴 것 같은 메시지를 전달할 수도 있다. 사진으로 글쓰기는 한 장 혹은 이야기를 구성한 여러 장의 사진을 글로 표현할 수 있다. 가장 일반적인 방식은 포트폴리오 방식이다. 한 장의 사진은 그 느낌이나 해석에 따라 여러 가지 의미로 전달될 수 있다. 따라서 여러 사진을 배열하는 형식을 통한 포트폴리오 형식을 많이 사용한다. 사진이 많으면 정확한 메시지를 전달할 가능성이 높아지기 때문이다. 사진은 그 자체로 훌륭한 커뮤니케이션의 도구이지만 때로는 의도한 바와 다르게 해석되는 경우도 많이 있다.

　　[그림 4-14]는 시간의 순서에 따라 사진을 배열하고 이야기를 구성한 사진이다.

　　포토몽타주는 포트폴리오와 더불어 촬영 후 글을 쓰는 과정이라고 볼 수 있다.

　　공간디자인도 가장 기초적 요소인 점, 선, 면에서 출발하여 미적 지각이 반영된 구도와 스토리가 반영된 공간구성의 과정을 통해 이루어진 하나의 시각화된 결과물이라고 볼 수 있다.

[그림 4-14] 공간의 진입과정을 이야기처럼 배열한 사진

4.4.1 포토몽타주

포토몽타주는 사진을 합성하는 것, 혹은 콜라주와 같이 사진을 찢어서 결합하는 기법을 기본적인 구성방식으로 하고 있다. 포토몽타주와 콜라주는 편집의 의미로 많이 사용하며 대중매체에서 광고나 홍보의 목적으로 주로 사용한다. 포토몽타주는 사진을 주 매개로 하여 사진과 문자 등을 합성하여 사진가의 의도를 표현한 것이고, 콜라주는 공간디자인에서는 각종 재료를 붙여서 이벤트적 연출방법으로 주로 사용한다.

(1) 포토몽타주(콜라주)의 일반적인 사례

포토몽타주는 사진을 잘라 신문 조각, 드로잉과 함께 붙이는 방법을 사용하여, '낯설게 하기'라 불리는 초현실주의 개념처럼 익숙한 환경의 변형을 통하여 새롭게 사물을 바라보도록 한다. 여러 매의 사진을 한 장의 사진으로 결합하는 방식으로 많이

[표 4-17] 포토몽타주의 일반적인 사례

구 분	사진	사진 설명
홍보 / 광고를 위한 포토몽타주		보통 텍스트와 함께 사용하며 보여주고자 하는 목적을 분명하게 전달한다. 현실에 대한 상상적 은유나 의미생성을 목적으로 한다.
제작자의 콘셉트를 위한 포토몽타주		보통 정치적 · 사회적 풍자, 고발을 목적으로 사진을 표현한다. 사진은 오염된 환경을 청소하고 깨끗한 자연을 되돌려준다는 내용을 풍자하고 있다.

사용한다. 포토몽타주는 다양한 표현방법을 통해 의미를 만들어내고 전달한다. 상이한 시간과 공간에서 오려 낸 사진들을 붙이고 중첩시키는 포토몽타주는 구성요소들을 절묘하게 뒤섞음으로 의도된 상상력을 표현할 수 있다. 포토몽타주는 여러 가지 복합적인 요소들이 섞여 있고 지각 세계가 복잡해지는 현대적 상황에서 사실적 재현만으로는 현실을 설명할 수 없을 때 많이 사용한다. 즉, 한 화면에 복수의 시점을 갖게 하거나 시공간적 상황을 담아 이미지를 형성하는 방법으로서, 사진의 시공간적 한계와 시각적 한계성을 확장시켜 다차원적 시공간을 만들어내어 새로운 시각의 사진표현이 가능하도록 한다.

(2) 포토몽타주(콜라주)의 공간적인 사례

포토몽타주는 사진에서 창의적인 표현을 위해 실제보다는 은유적인 방법을 많이 사용한다.

[표 4-18] 포토몽타주의 공간적인 사례

구 분	사진	사진 설명
매체에 나타나는 포토몽타주		매체에 나타나는 포토몽타주는 표현하고자 하는 공간을 강조하여 공간을 홍보하기 위한 목적으로 제작되는 경우가 많다. 사진은 실제로는 도심 한가운데 있는 건물이지만 물 위에 떠 있는 섬으로 은유적으로 표현하여 타 공간과 분리된 도시의 개념을 더욱 부각시켰다.
공간표현에 나타나는 포토몽타주		프레젠테이션을 위한 공간표현에 나타나는 포토몽타주는 건축가의 의도를 나타내기 위해 사용한다. 현실의 공간과 상상의 공간을 혼합하여 공간이 보여주고자 하는 목적을 분명하게 설명한다.

포토몽타주의 사진으로 표현하는 공간은 일상과 허상의 혼합된 공간형식으로 많이 나타난다.

포토몽타주는 찍는 사진이 아니라 만드는 사진이기 때문에 시공간의 제약을 받지 않는다. 시간과 공간이 다른 사진을 합성하여 인간이 상상하는 공간을 비교적 자유롭게 표현할 수 있다. 포토몽타주는 잡지 같은 매체를 통해 홍보를 위한 목적이나 최종 결과물에서 프레젠테이션을 위한 공간표현의 목적으로 주로 제작된다.

4.4.2 포트폴리오

사진에서 포트폴리오는 사진을 이용하여 글을 쓰듯 이야기를 만들고 본인의 의도를 전달하는 사진기법이다. 1장의 사진으로도 표현이 가능하고, 촬영된 여러 장의 사진을 이야기에 맞추어 배열하고 순서를 정하는 방법과 주제를 정하고 이야기에 맞추어 사진을 촬영하는 방법으로도 표현이 가능하다. 이야기는 현실을 표현하는 사실적인 이야기가 될 수도 있고 상상의 이야기가 될 수도 있다.

[그림 4-15]는 발가락과 포즈가 닮은 남매를 촬영한 사진으로 '닮음'이나 '유전' 등의 주제로 일상 이야기를 표현할 수 있다. [그림 4-16]은 물고기 위에 올라탄 소녀가

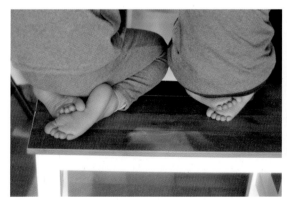

[그림 4-15] 현실 이야기

[그림 4-16] 상상 이야기

낚시하는 상상적 이야기를 사진으로 표현한 것이다. 한 장의 사진으로도 많은 이야기를 전달할 수 있지만 보통 여러 장의 사진을 합치거나 배열하는 방식을 통해 이야기를 전달하는 방법을 많이 사용한다. 공간디자인에서는 디자인의 의도를 명확히 전달하기 위해 이야기를 도입하는 경우가 많다. 건축가의 사상과 정서와 감정, 의식과 체험을 사진을 통한 공간적 이미지로 이야기하면 훨씬 전달이 잘 되기 때문이다.

(1) 포트폴리오(스토리텔링)의 일반적인 사례

사진은 한 장 또는 여러 장에 걸쳐 그 안에 많은 이야기와 사건들이 내포되어 있다. 한 장의 사진보다는 여러 장의 사진이 시간이나 공간의 흐름과 연결을 이야기를

[표 4-19] 포트폴리오(스토리텔링)의 일반적인 사례

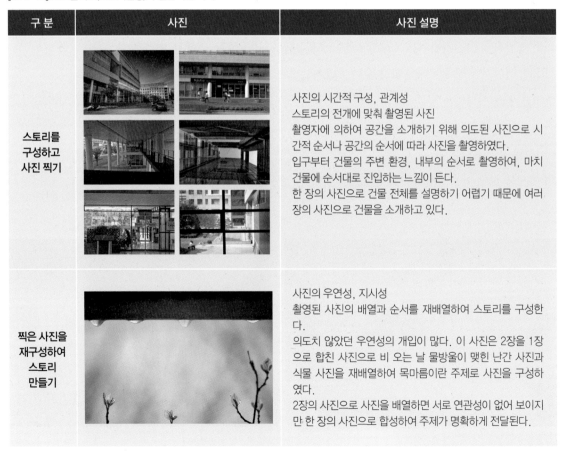

구 분	사진	사진 설명
스토리를 구성하고 사진 찍기		사진의 시간적 구성, 관계성 스토리의 전개에 맞춰 촬영된 사진 촬영자에 의하여 공간을 소개하기 위해 의도된 사진으로 시간적 순서나 공간의 순서에 따라 사진을 촬영하였다. 입구부터 건물의 주변 환경, 내부의 순서로 촬영하여, 마치 건물에 순서대로 진입하는 느낌이 든다. 한 장의 사진으로 건물 전체를 설명하기 어렵기 때문에 여러 장의 사진으로 건물을 소개하고 있다.
찍은 사진을 재구성하여 스토리 만들기		사진의 우연성, 지시성 촬영된 사진의 배열과 순서를 재배열하여 스토리를 구성한다. 의도치 않았던 우연성의 개입이 많다. 이 사진은 2장을 1장으로 합친 사진으로 비 오는 날 물방울이 맺힌 난간 사진과 식물 사진을 재배열하여 목마름이란 주제로 사진을 구성하였다. 2장의 사진으로 사진을 배열하면 서로 연관성이 없어 보이지만 한 장의 사진으로 합성하여 주제가 명확하게 전달된다.

통해 자연스럽게 전달할 수 있다. 사진은 어떤 사건의 한 부분이기 때문에 사진의 프레임은 단절이 아닌 연속이고 흐름이고 전환이다. 사진에서 스토리텔링은 주제를 정하고 그 주제에 맞는 스토리를 만들어 순서대로 촬영하는 방법과 무작위로 촬영한 기존의 사진들을 이야기의 흐름에 맞게 재배열하여 이야기를 만들어내는 두 가지 방법을 사용한다. 여러 장의 사진으로 표현하기도 하지만, 여러 장의 사진을 한 장의 사진으로 합성하여 표현하기도 한다.

(2) 포트폴리오(스토리텔링)의 공간적인 사례

공간에서 포트폴리오 사진은 건축매체나 디자인의 프로세스 과정에서 주로 나타난다.

건축매체에서는 건축의 시나리오를 작성하고 시나리오 순서대로 공간을 소개하고 설명한다. 보통 작품이 만들어지는 과정을 순서대로 게재하거나 콘셉트가 공간으로

[표 4-20] 포트폴리오(스토리텔링)의 공간적인 사례

구 분	사진	사진 설명
스토리를 구성하고 사진 찍기		사진의 시간적 구성, 스토리의 전개에 맞춰 촬영한 사진이다. 건축물의 입구부터 시간에 따라 건축의 동선을 소개하기 위해 촬영하였다. 사진으로 건축을 영화의 한 장면처럼 스토리있게 소개하기 위한 표현방법으로, 차량의 뒷모습은 이동을 의미하는 은유적 표현이라고 할 수 있다. 외부에서 건물을 바라보며 건물에 대한 상상력을 불러일으킨다. 공간의 내부사진을 기대하게 한다.
찍은 사진을 재구성하여 스토리 만들기		사진의 우연성을 통한 표현방법. 촬영된 사진의 배열과 순서를 재배열하여 스토리를 구성한다. 의도치 않았던 우연성의 개입이 많다. 이 사진은 인터넷에서 다운로드한 사진과 필자가 찍은 사진을 포함한 여러 장의 사진을 재배열한 후 합성하여 아파트의 다양한 일상을 한 장의 사진으로 표현하였다.

만들어지는 과정을 사진을 통해 게재하면서 독자들의 시선을 사진의 공간 속으로 유도한다. 이때 시나리오는 공간 계획 전에 구상된 경우가 대부분이지만 때로는 공간이 완성된 후 건축매체에 소개하면서 재배열을 통해 다시 만들어지기도 한다. 따라서 공간디자인 프로세스 과정에서 표현되는 스토리 사진은 이미 촬영된 사진으로 배열이 되기도 하지만, 완성한 공간을 재구성하여 새롭게 촬영하여 스토리를 만드는 경우도 있다. 포트폴리오는 사진만 단독으로 게재하는 경우보다는 텍스트와 함께 표현하는 경우가 대부분이다. 텍스트가 없을 경우 수많은 우연성에 의한 사진기호가 발생하여 전하고자 하는 의도가 왜곡되어 전달될 수 있기 때문이다.

사진교육 프로그램과 공간디자인에서의 의미작용

● 사진 읽기

사진적 시각: 사진적 시각은 유추, 추론을 통해 공간디자인에 대한 창의적인 시각
　　을 갖게 한다.

● 사진 찍기

점, 선, 면

　　점: 공간에서 점의 요소는 공간의 질서를 갖게 하는 열쇠가 된다.

　　선: 공간에서 선의 요소는 공간의 성질을 결정하는 열쇠가 된다.

　　면: 공간에서 면의 요소는 공간의 경계와 패턴을 결정하는 요소가 된다.

프레이밍: 프레이밍은 공간에서 공간의 더하기, 빼기, 즉 공간을 선택하는 과정이
　　다.

형태, 질감, 중첩: 형태, 질감, 중첩의 기법은 공간을 추상화시키거나 단순화시키
　　는 방법으로 적용할 수 있다.

다중촬영 / 원근법: 사진에서 다중촬영 / 원근법을 통해 공간의 시점을 표현할 수
　　있다.

실루엣: 그림자와 실루엣으로 표현된 사진은 현실이면서 가상의 느낌을 강하게
　　만드는 특징이 있다.

● 사진으로 글쓰기

포토몽타주: 포토몽타주의 사진으로 표현하는 공간은 일상과 허상의 혼합된 공간
　　형식으로 많이 나타난다.

포트폴리오: 공간에서 포트폴리오 사진은 건축매체나 디자인의 프로세스 과정에
　　서 주로 나타난다.

Chapter 05

공간디자인의 기초조형교육을 위한
사진교육 프로그램

1. 교육의 목표 및 방향 | 2. 사진 읽기 | 3. 사진 찍기 | 4. 사진으로 글쓰기

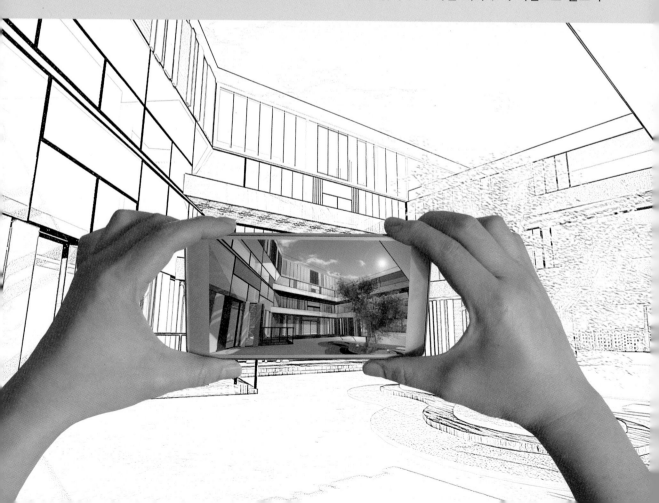

사 진 기 법 을 적 용 한 공 간 디 자 인 의 기 초 조 형 교 육

5.1
교육의 목표 및 방향 ─────────────

　이제부터 소개하는 사진교육 프로그램은 공간디자인을 위한 디자인 방법이나 발상을 위해 그동안 필자가 공간디자인과 사진의 융합교육을 실시한 경험을 바탕으로 작성하였다. 공간디자인의 기초조형교육을 위해 사진의 조형적 특성을 활용하여 8개의 프로그램을 만들었다. 8개의 프로그램을 다시 사진 읽기, 사진 찍기, 사진으로 글쓰기에 맞추어 분류하였는데, 이 분류방법은 미국 듀크 대학교 연구소가 주최하여 1989년 사진가이자 교육자인 웬디 이왈드(Wendy Ewald, 1951~)가 만든 사진 교육 프로그램 LTP(Literacy Through Photography)에 기초하여 분류한 것이다.

　사진 읽기는 동기유발 및 관련 자료를 탐색하고 사례를 제시하는 과정으로 볼 수 있다. ① 사진적 시각을 통해 디자인 개념을 발견하고 배우는 단계이다. 관찰력과 시지각 능력이 개발된다.

　사진 찍기는 사진을 찍는 과정뿐만 아니라 사진 찍는 계획을 세우는 과정을 포함한다. ② 점, 선, 면, ③ 실루엣, ④ 프레이밍, 구도, ⑤ 형태, 질감, 중첩, ⑥ 다중촬영, 원근법 등 사진 찍는 과정을 통해 공간디자인의 방법이나 발상을 스스로 깨닫거나 발견하고 배우는 단계이다. 사물에 대한 새로운 인식을 통한 사고력의 확산, 문제해결 능력, 이미지를 개념화하는 시각화 능력이 개발된다.

　사진으로 글쓰기는 사진을 찍기 전과 찍은 후의 과정을 포함하며 ⑦ 포토몽타주, ⑧ 포트폴리오를 만드는 과정을 통해 다양한 표현방법을 배우는 단계이다. 표현력, 논리적 사고능력이 개발된다.

　이 프로그램은 학생들이 과제를 수행하면서 스스로 디자인의 방법이나 발상을 찾아가는 과정이 되도록 계획하였다. 수업에서 샘플사진의 시각적 정보들을 제시하면 학생들은 샘플로 제시되는 사진의 의미를 해석하고, 해석한 이미지를 다시 학생들이 사진으로 촬영하고 표현하는 과정을 거치면서 목표한 교육적 효과를 달성하도록 하였다. 카메라 조작기법이나 사진에 대한 기본 기술은 본 내용에서는 제외하였다.

교육의 방향은 크게 네 가지 관점에서 설정하였다.

첫째, 문제 해결 중심 교육이다. 이것은 크게 두 단계로 나누어 볼 수 있다. 첫 번째 단계는, 동기를 유발하는 사진을 제시하고 그것을 풀어 나가는 과정이다. 두 번째 단계는, 수업 과제를 통하여 문제를 해결해 나가는 과정이다. 디자인교육은 문제를 풀어 나가는 과정 속에서 자기 주도적 학습을 발달시켜 관찰력과 창의력이 향상되기 때문이다. 스스로 생각하고, 생각들을 결합해 보고, 제거해 보고, 확대하고 축소하는 등 여러 방법을 통해 문제를 해결해 보면서 흥미를 유발시켜야 한다. 따라서 본 프로그램은 결론을 먼저 제시하지 않고, 학생들이 과제를 해결하는 과정에서 사진이 가지고 있는 특성들을 스스로 발견하고 그것을 공간디자인에 적용하도록 하는 것을 목표로 하였다.

둘째, 행동 지향적 교육이다. 책상에서만 이루어지는 교육이 아니라 밖에 나가서 바라보고, 만지고, 느끼면서 결과물을 표현하는 놀이와 같은 방법을 통해 습득하는 교육이다. 그래야만 자기의 생각들을 이미지로 만들어내는 과정을 쉽게 이해할 수 있다.

셋째, 경험 중심의 교육이다. 일상생활 속에서 디자인의 요소를 발견해야 하고, 생각들이 자연스럽게 끊임없이 이어져야 한다. 잠재된 경험과 현재의 경험을 통해 새로운 통합적 안목과 관심을 갖고 디자인에 응용해야 하는 과정이다. 사진적 시각은 일상생활 속에서 끊임없는 생각과 관찰을 통해 이루어지기 때문이다.

넷째, 과정 중심 교육이다. 결과물보다는 프로세스 과정을 즐기는 교육이다. 놀이처럼 재미있게 과정을 즐겨야 한다. 그래야만 성취감과 자신감이 더욱 높아지기 때문이다.

5.2
사진 읽기 ————————————————

5.2.1 사진적 시각을 적용한 기초조형교육

사진적 시각은 사진 속에 내재하는 여러 환경요인들을 읽어 내고 자신의 내적 경험과 새로운 관점을 가지고 사진을 읽어야 한다. 사진적 시각은 유추나 추론의 방법을 통해 사진의 의미를 찾아낸다.

[표 5-1] 사진적 시각

프로그램	사진적 시각		
기능	사진이 촬영된 상황을 해석하고 유추, 추론하는 기능		
목표	1. 사진을 보고 제목을 정하고 주관적 관점에서 간단한 글을 쓸 수 있다. 2. 눈을 통한 시각과는 다른 개념으로 사진을 통하여 새로운 관점에서 사물을 바라볼 수 있다.		
과정	1. 촬영된 사진을 끊임없는 관찰을 통해 사진 안에 숨어 있는 의미를 찾아낸다. 2. 사진을 촬영할 때 어떤 작은 디테일들 속에 잠재되어 있는 기능이나 상징들을 찾아내고 의미를 부여한다.		
순서	내용		비고
도입	동기 유발	동기 유발하기 (사진제공 : 박영채) 사진을 보고 기둥의 모양이 얇고 여러 개로 구성되어 있고 사선으로 만들어진 이유를 찾아낸다.	사진을 촬영할 때 작가의 의도된 메시지를 발견하는 마음의 시각을 개발하는 과정이다.
		학습 문제 확인 사진을 보고 사진 속에 숨어 있는 현상 이면의 메시지를 발견한다. 사진은 자연과 동화하려는 건축가의 개념이 내재되어 있다 (나뭇가지와 기둥을 비교하여 설명).	

[표 5-1] 사진적 시각 (계속)

순서	내용		비고
전개	관련자료 탐색하기	상황에 대해 상상하기 이 사진은 우연히 포착된 사진이지만 쫓는 자와 쫓기는 자의 동작 같은 장면으로 상상할 수 있다. 사진에 잠재된 내면적 세계 읽어내기 피사체는 다리만 촬영되었지만 그림자를 통하여 피사체의 동작을 파악할 수 있다. 다리 아래 공간의 여백을 통하여 긴장감이 조성된다.	사진에 내재되어 있는 잠재적인 메시지를 찾아내는 과정에서 작가의 콘셉트를 파악할 수 있고 공간 디자인에서 응용할 수 있다.
수업 과제	1. 일상공간에서 건축가의 의도가 탐지되는 건축물을 촬영하거나 잡지, 인터넷에서 찾아오기		건축물을 보고 건축가의 의도를 상상해서 글로 정리하고 발표한다.

5.3
사진 찍기

5.3.1 점, 선, 면을 적용한 기초조형교육

지금까지 점, 선, 면은 조형적인 측면에 치중하여 아름다운 디자인을 만들어내기 위한 기본 요소로만 인식해 왔다. 점, 선, 면은 형태가 어떻게 보이게 하는지를 지각하는 기본 요소이다. 사진에서 점, 선, 면은 가장 간결한 시각기호로서 조형적인 관점에서 벗어나 발상교육을 위한 기호로 이해하고 재해석하여 활용되어야 한다. 점의 요소는 사물과 배경의 관계, 사물과 사물의 관계 속에 형성되는 공간의 의미작용을 이해하여야 한다. 선의 요소는 카메라의 위치에 따른 공간의 방향에 따라 사람과 공간의 관계 속에서 형성되는 심리적인 의미작용을 이해하여야 한다. 그리고 면의 요소는 면의 종류에 따라 공간과 공간의 경계가 달라지는 의미작용을 이해하여야 한다.

[표 5-2] 점의 요소

프로그램	점		
기능	1. 형태에 의미를 부여하는 기능 2. 크기와 배경의 관계는 공간을 인지하는 기호로 작용하고 사물의 위치의 관계는 심리적 기호로 작용한다.		
목표	1. 피사체가 점으로 표현되었을 때 공간에서 배경과의 관계를 찾아낸다. 2. 여러 개의 점으로 인지되는 사물들의 관계를 찾아낸다.		
과정	1. 공간에서 사물이 점으로 부각되려면 배경은 단순할수록 효과적임을 학습한다. 2. 여러 개의 점은 위치와 크기에 따라 기호작용이 다르게 나타나는 것을 학습한다.		
순서	내용		비고
도입	동기 유발	동기 유발하기 사진을 보고 점으로 느껴지는 형태를 찾고 점으로 인지하게 된 이유를 탐색한다. 학습 문제 확인 넓은 공간에서 사물을 쉽게 인지할 수 있는 방법을 찾는다.	사진을 보면서 가방이 돋보이는 이유를 해석한다.

[표 5-2] 점의 요소 (계속)

순서		내용	비고
전개	관련자료 탐색하기	점과 배경의 관계 배경이 단순할수록 점의 요소는 쉽게 인지됨을 학습한다. 사물과 사물의 관계 여러 개의 점으로 느껴지는 사물은 위치와 크기에 따라 다르게 인지되는 과정을 탐색한다.	사진에서는 색의 대조, 크기의 대조, 모양의 대조, 명암의 대조를 통해 피사체를 부각시킨다.
	실습	1. 밖에 나가서 예쁜 꽃 찾아서 사진 촬영하기	흥미유발을 위한 과정
수업 과제		1. 공간에서 쉽게 인지되는 한 개의 점의 요소를 찾아 촬영하기 2. 공간에서 여러 개의 점으로 인지되는 사물을 찾고 쉽게 인지되는 순서를 발표하기	사물의 위치와 크기에 대한 이해가 필요하다.

[표 5-3] 선의 요소

프로그램	선
기능	1. 선은 자연과 사물의 기본적인 조형요소이다. 2. 선은 형태에 따라 공간을 인지하는 기호로 작용하고, 방향에 따라 심리적 기호로 작용한다.
목표	1. 불안정한 선과 안정된 선의 구도 개념을 이해한다. 2. 정적인 선과 동적인 선의 구도 개념을 이해한다.
과정	1. 선의 요소가 느껴지는 공간이나 사물을 촬영하여 가상의 선과 피사체의 선을 발견하고, 안정감 있는 공간 구도를 찾는다. 2. 수평선, 수직선, 사선으로 인지되는 공간을 촬영하고 느낀 점을 토론한다.

[표 5-3] 선의 요소 (계속)

순서		내용		비고
도입	동기 유발	동기 유발하기		사진을 보고 불안정한 가상의 선이 안정되게 보이는 이유를 해석한다.
			사진에서 가상의 선과 피사체의 선을 발견하고 두 선의 관계를 찾는다.	
		학습 문제 확인		
		불안정한 선들이 안정되게 보이게 하는 방법을 찾는다.		
전개	관련자료 탐색하기	수평선, 수직선, 사선의 관계		선의 형태, 길이에 따라 다르게 인식되는 기호작용을 이해한다.
			사선의 불안감을 수평선, 수직선이 감소시켜 준다. 불안정한 구도를 안정되게 보이도록 보완하는 방법을 학습한다.	
		정적인 구도와 동적인 구도 연출		
		두 사진을 비교해서 동적인 느낌의 사진과 정적인 느낌의 사진을 찾고 이유를 설명한다.		
수업 과제	1. 공간에서 선의 요소를 찾아 촬영하기 2. 수직선, 수평선, 사선, 곡선으로 인지되는 공간을 촬영하고 느낀 점 발표하기			선의 개념에 대한 이해가 필요하다.

[표 5-4] 면의 요소

프로그램	면		
기능	1. 면은 3차원의 사물을 사진이라는 2차원의 평면에 그리기 위한 기본 단위 2. 면은 배치에 따라 조형적 기호로 작용하고, 위치에 따라 심리적 기호로 작용한다.		
목표	1. 사진에서 점, 선의 시각적 요소들이 융합되어 면이라는 통일된 시각매체로 표현하는 것을 안다. 2. 면의 공간적 연출기법을 이해한다.		
과정	1. 면의 종류에 따라 공간의 경계가 달라보이게 만드는 과정을 학습한다. 2. 면은 주로 패턴을 통해 연출된다. 이것을 사진 촬영하는 과정에서 발견해야 한다.		
순서	내용		비고
도입	동기 유발	동기 유발하기 사진에서 점과 선이 모여 형태를 만들고 면이 되는 과정을 찾는다. 학습 문제 확인 공간에서 면으로 연출되는 요소들은 어떠한 방법을 통하여 연출되는지 찾아낸다.	2차원의 평면에서 면의 요소는 톤의 변화를 통하여 조형적 메시지를 전달한다.
전개	관련자료 탐색하기	면의 조형적 표현방법 사진에서 2차원으로 인지되는 면은 톤의 변화를 통하여 입체감을 연출한다. 면의 연출기법 여러 개의 대상이 또 다른 하나의 형태로 전환하여 전혀 다른 단위의 의미를 만들어내기도 한다.	면의 조형적 연출방법과 패턴을 통하여 연출되는 기법을 이해한다.

수업 과제	1. 공간에서 면의 요소를 찾아 촬영하기 2. 면의 종류, 면의 크기, 톤의 변화에 따라 달라지는 면의 경계에 대한 의미작용 발표하기	면의 개념에 대한 이해가 필요하다.

5.3.2 프레이밍(구도)을 적용한 기초조형교육

사진에서 구도는 현실의 일부를 잘라내는 시공간적 구성법이다. 전체 공간에서 불필요한 요소는 제외하고 필요한 공간을 필요한 만큼 잘라내는 작업이니만큼 세밀한 집중력과 관찰력이 필요하다. 촬영자가 보여주고 싶은 부분을 창의적인 각도에서 잡아내어 의미전달을 해야 한다. 주제를 명확하게 표현하려면 어떻게 화면을 구성해야하는지를 고민하고, 강조해야 할 사물을 선택하는 과정을 학습한다.

[표 5-5] 프레이밍(구도)

프로그램	프레이밍(구도)		
기능	1. 전체 안에서 한 부분을 선택함으로써 전하고자 하는 주제를 표현하는 기능 2. 공간에서 더해져야 할 공간과 빼야 할 요소를 찾아내어 강조하고자 하는 요소를 더 명확하게 표현하는 기능		
목표	1. 프레이밍을 통하여 좋은 구도를 찾아낼 수 있다. 2. 구도의 선택에 따라 공간이 어떻게 연출되는지 발견할 수 있다.		
과정	1. 피사체나 주변 배경에 의해 수평으로 분할되는 구도 찾기 2. 피사체나 주변 배경에 의해 수직으로 분할되는 구도 찾기 3. 전체 공간에서 필요한 요소만 강조하는 방법 찾아내기		
순서	내용		비고
도입	동기 유발	동기 유발하기 수평창과 수직창의 장단점을 비교한다. 주제와 배경의 관계, 일조를 통한 공간 연출방법을 찾아낸다.	원경, 중경, 근경의 효과적 표현방법을 찾아낸다.

[표 5–5] 프레이밍(구도)(계속)

순서	내용		비고
전개	관련자료 탐색하기	학습 문제 확인	구도, 프레이밍은 배경과의 관계에 따라 의미구조가 다르다. 클로즈업은 현실을 창의적으로 영상화 하는 시각이 필요하다.
		공간에서 선택해야 하는 효과적인 공간의 구도를 찾아낸다.	
		수평분할 프레임	
		표현하고자 하는 대상과 배경이 조화를 이루는 공간 찾아내기	
		수직분할 프레임	
		배경과 관계없이 표현하고자 하는 대상이 돋보여야 하는 장면 찾아내기	
		클로즈업 프레임	
		일상적인 대상에서 일상성을 벗어나 확대된 형태감과 정밀한 질감을 통해 형태적 질서를 재정립한다.	
수업 과제	1. 하늘이 예뻐 보이는 공간을 찾아서 사진으로 촬영하기 2. 디테일을 강조하고 싶은 사물을 찾아내어 촬영하기 3. 수평분할 프레임, 수직분할 프레임 촬영하기		구도의 개념에 대한 이해가 필요하다.

5.3.3 형태, 질감, 중첩을 적용한 기초조형교육

먼저 일상공간에서 가장 기초적인 조형의 형태를 찾아내는 과정을 지도한다. 서로 다른 사물이 겹쳐지는 것을 중첩이라고 하는데, 중첩을 통하여 형태와 질감이 서로 다른 두 개의 사물이 경우에 따라 하나의 사물로 보이기도 하고 때로는 전혀 새로운 형태나 질감을 만들어내기도 한다. 이러한 장면을 찾아내어 사진으로 촬영한다. 사진에서는 이러한 중첩의 기법을 통해 촬영자가 의도하는 메시지를 표현하는 경우가 많이 있다. 중첩을 활용한 공간디자인을 효과적으로 지도하기 위해 '형태 및 질감이 겹쳐져 조화로운 공간 만들기'를 주제로 수업을 계획한다. 이 과정에

[표 5-6] 형태, 질감, 중첩

프로그램	형태, 질감, 중첩		
기능	1. 사물의 내면의 본질을 파악하는 인지기호 2. 기존 사물의 일상성과 통속적 이미지를 깨고 전혀 새로운 공간의 질서와 시각미를 형성하여 새로운 추상적 공간을 발견한다.		
목표	1. 조형의 기본 형태를 일상공간 속에 배열하는 능력을 익힌다. 2. 중첩을 통해 원래 질감의 느낌을 다르게 표현하는 능력을 익힌다.		
과정	1. 일상 속 사물에서 조형의 기본 형태를 찾아내고 단순화의 관점에서 사진을 촬영한다. 2. 질감이나 형태가 중첩이라는 사진기법을 통하여 다르게 표현되는 것을 촬영하고 표현한다.		
순서		내용	비고
도입	동기 유발	동기 유발하기 사진에서 자갈의 질감이 다르게 느껴지는 이유를 탐색한다. 물 속의 자갈이 나뭇잎처럼 보인다. 학습 문제 확인 원래 사물의 질감이 다른 사물을 만나면서 다르게 보이는 현상 찾아내기	기존 사물에서 새로운 형태나 질감을 찾아내는 능력

[표 5-6] 형태, 질감, 중첩 (계속)

순서		내용	비고
전개	관련자료 탐색하기	형태 찾아내기 샤갈의 그림에서 가장 기초적인 조형요소들을 찾아내고 표현하기 중첩이 나타난 작품 탐색하기 중첩에 의해 형태가 바뀌어 보이는 작품을 찾고 이유를 설명하기 질감이 다르게 보이는 대상 찾기 중첩에 의해 질감이 다르게 보이는 대상을 찾고 이유를 설명하기	사진과 회화에서 가장 기본이 되는 형태와 질감을 발견하는 과정
수업 과제		1. 샤갈의 그림을 보고 가장 단순한 기초조형 형태로 추상화시켜 콜라주나 그림으로 표현하기 2. 형태나 질감이 중첩되어 새로운 형태나 질감으로 지각되는 사물을 찾아서 촬영하기	중첩의 개념에 대한 이해가 필요하다.

서는 일상공간에서 조형의 기본 형태를 찾는 인지 능력과 서로 다른 질감이 사물에 중첩되어 새롭게 인지되는 사물을 발견하는 관찰력과 시지각 능력이 필요하다.

5.3.4 다중촬영 / 원근법을 적용한 기초조형교육

사진은 압축원근법의 적용으로 원근감이 사실적으로 느껴지지 않기 때문에 원근 감을 주기 위한 여러 가지 방법을 사용한다. 조리개 심도를 이용해 촬영하기도 하지 만 공기원근법, 과장원근법, 다각원근법, 선원근법 등의 조형적 기법을 활용해 효과 적인 원근감을 연출한다. 때로는 반영이나 다중촬영의 사진적 기법을 사용하여 원근 감을 연출하기도 한다. 다중촬영이나 반영은 공기원근법이나 과장원근법 등 전통적 인 원근법 표현이 어려운 공간에서 사진으로 원근을 표현하기 좋은 사진기법이다. 다 중촬영은 여러 시점에서 사진을 표현할 목적으로 이용하고, 반영은 실제로 깊이가 별 로 없는 공간에서 시각적 착시를 통한 가상적인 원근감을 표현할 목적으로 사용한다.

[표 5-7] 다중촬영 / 원근법

프로그램	다중촬영, 원근법
기능	1. 공간에 원근감을 표현하는 사진기법 2. 조형원리를 이용한 방법과 사진적 기법을 이용하는 방법
목표	1. 원근감이 느껴지는 사진을 촬영할 수 있다. 2. 원근감이 느껴지는 공간을 통하여 원근법의 원리를 이해할 수 있다. 3. 다시점의 개념을 이해하고 활용할 수 있다.
과정	1. 공기원근법: 명암 차이를 통해서 공간에 원근감을 주는 방법을 학습한다. 2. 선원근법: 깊이가 느껴지는 사선구도를 촬영하고 공간에 원근감을 주는 방법을 학습한다. 3. 과장원근법: 광각렌즈를 사용하여 공간에 원근감을 주는 방법을 학습한다. 4. 다각원근법: 여러 각도에서 촬영한 사진을 한 장으로 합성하여 다양한 시선으로 공간에 원근감을 주는 방법을 학습한다.

[표 5-7] 다중촬영 / 원근법 (계속)

순서		내용	비고
도입	동기 유발	**동기 유발하기** 사진을 보고 원근감이 느껴지지 않는 이유를 탐색한다. **학습 문제 확인** 압축원근법으로 표현되는 사진에서 공간감을 느낄 수 있는 방법을 찾는다.	사진의 평면성에 대한 인식을 통해 사진의 특성을 인지한다.
전개	관련자료 탐색하기	**공기원근법** 명암의 대비가 많이 나타나는 공간은 원근감이 느껴진다. **선원근법** 대각선 구도는 공간에 방향성을 주어 원근감을 느끼게 한다. **과장원근법** 강조하고 싶은 부분을 근접 촬영하거나 광각렌즈를 사용하면 원근감 있는 공간을 표현할 수 있다.	원근법의 종류를 학습하고 종류별 특성과 원리를 이해한다.

[표 5-7] 다중촬영 / 원근법 (계속)

순서		내용	비고
전개	관련자료 탐색하기	다각원근법 어떤 장면을 다른 시각에서 바라보고 촬영하여 한 장의 사진으로 합친 사진은 입체적인 공간을 느끼게 한다. 반영, 다중촬영을 통한 원근법 유리에 비친 사물과 투영된 사물의 대비를 통해 원근감이 느껴진다.	
수업 과제	1. 압축, 공기, 과장, 선원근법이 적용되는 공간을 찾아서 사진 촬영하기 2. 6개 이상의 시점에서 한 공간을 촬영한 후 한 장의 사진으로 합쳐서 표현하기		

5.3.5 실루엣을 적용한 기초조형교육

실루엣은 극적인 장면을 위한 공간 연출방법 중 하나이다. 실루엣 사진의 핵심은 입체에서 평면으로 표현이 바뀌는 것이다. 실루엣에서 가장 중요한 요소는 빛과 그림자이다. 사진에서 빛과 그림자는 은유적인 의미를 표현하는 경우가 많다. 빛과 그림자를 적당한 패턴과 관계로 표현해 사물에 대한 촬영자의 의도를 표현할 수 있다. 하지만 그림자나 실루엣은 형태가 명확하지 않아 수용자의 상상력에 의해 다르게 해석되기도 한다. 실루엣 사진은 학생들이 콘셉트를 정하고 연출하는 과정에서 개념을 이미지로 표현하는 능력이 요구된다.

[표 5-8] 실루엣

프로그램	실루엣
기능	1. 현실과 비현실적인 공간 표현 기능 2. 공간의 행위주체를 극적인 연출로 표현하는 기능
목표	1. 실루엣 사진을 촬영할 수 있다. 2. 실루엣의 원리를 통해 시노그래피적인 공간을 연출할 수 있다.
과정	1. 빛과 피사체의 위치에 따라 실루엣이 형성되는 과정을 학습한다. 2. 다양한 실루엣 사진을 촬영하여 공간에서 연출되는 극적인 이미지를 제작한다.

순서		내용	비고
도입	동기 유발	동기 유발하기 사진에서 실루엣으로 연출되는 장면에 대한 느낌을 이야기한다. 학습 문제 확인 시노그래피적인 공간 연출방법을 찾는다.	사물이나 인물을 형체로만 연출하여 내면의 본질을 은유적으로 표현할 수 있다.
전개	관련자료 탐색하기	그림자로 연출되는 실루엣 벽에 비춰진 그림자가 나무 패턴을 배경으로 시노그래피적인 장면을 연출한다.	빛과 그림자의 배치를 통한 사진적 은유로 자신의 시각과 관점을 이미지로 표현할 수 있어야 한다.

[표 5-8] 실루엣 (계속)

순서	내용		비고
전개	관련자료 탐색하기	조명으로 연출되는 실루엣 빛과 피사체, 조명의 배치에 따라 시노그래피적인 공간이 연출된다.	
수업 과제	1. 그림자로 표현되는 실루엣 사진을 촬영한다. 2. 조명으로 연출되는 실루엣 사진을 촬영한다.		

5.4
사진으로 글쓰기

5.4.1 포토몽타주를 적용한 기초조형교육

포토몽타주는 여러 장의 사진을 합성하여 한 장의 사진으로 제작하는 것이다. 한 장의 사진으로 표현하기 어려운 복수의 시점이나 시공간적 상황을 담아 이미지를 형성한다. 시공간과 시각적 한계를 확장하여 새로운 시각으로 사진을 표현할 수 있어 회화처럼 본인이 의도하는 메시지를 은유적으로 표현할 수 있다. 포토몽타주를 활용하여 공간디자인을 효율적으로 지도하기 위해 은유적 표현을 적용하여 주제를 정하고 그것을 상징적으로 표현하는 방법으로 수업을 계획하였다. 아직 그래픽 툴에 익숙하지 않은 학생들은 손으로 직접 제작하는 방법을, 그래픽 툴이 가능한 학생들은 컴퓨터를 활용하는 방법을 활용하도록 하였다.

[표 5-9] 포토몽타주

프로그램	포토몽타주		
기능	1. 매체를 통해 공간의 이미지를 상징적으로 표현하는 기능 2. 프레젠테이션을 위한 공간표현 기능		
목표	1. 여러 장의 사진을 촬영하고 잘라 붙여 한 장의 사진으로 본인이 의도하는 주제를 표현하는 방법을 배운다. 2. 디지털 사진기를 이용하여 사진을 촬영하고 포토샵 등 사진합성을 이용한 포토몽타주의 제작과정을 학습한다.		
과정	1. 주제를 정하고 이미지를 촬영하거나 수집하여 잘라 붙이거나 손으로 그려 본인이 의도하는 주제를 표현하는 과정을 학습한다. 2. 표현할 주제를 정하고 사진을 촬영하여 포토샵 등 그래픽 툴을 이용해 편집하고 표현하는 과정을 학습한다.		
순서		내용	비고
도입	동기 유발	동기 유발하기 사진에서 전하고자 하는 주제가 무엇인지 생각한다. 학습 문제 확인 사진을 회화처럼 표현하는 방법을 찾는다.	도심 속 아파트에서 볼 수 없는 자연공간을 포토몽타주로 표현하였다.
전개	관련자료 탐색하기	손으로 제작한 포토몽타주 시간과 공간적 배경이 다른 여러 사진을 촬영하거나 잡지에서 잘라 붙여 새로운 사진을 만든다. 작가가 의도하는 개념을 쉽게 전달할 수 있다.	광고나 잡지에서 많이 활용되며 공간디자인 기획단계에서 콘셉트나 프로세스를 표현하기 위해 사용하기도 한다.

[표 5-9] 포토몽타주 (계속)

순서	내용		비고
전개	관련자료 탐색하기	그래픽 툴로 제작한 포토몽타주 그래픽을 활용하면 사진합성을 통해 훨씬 실제와 유사하게 표현할 수 있다. 사진은 4차산업의 특징을 표현한 것으로, 드론을 통한 미래 기술의 활용 가능성을 보여주고 있다.	
수업 과제	1. 사진이미지들을 잘라 붙여 정해진 과제에 맞는 포토몽타주를 제작한다. 2. 그래픽 툴을 사용하여 정해진 과제에 맞는 포토몽타주를 제작한다.		주제는 '사진으로 표현하는 음악'으로 설정하였다.

5.4.2 포트폴리오를 적용한 기초조형교육

사진은 현실의 기록이라는 특성 때문에 항상 무엇을 이야기하려는 스토리적 특성을 가지고 있다. 그리고 현실의 시공간 일부를 잘라낸 것이기 때문에 사진으로 표현된 시공간의 앞, 뒤와 연결성을 가지고 있다. 또한 사진은 화면 외의 이야기가 개입되어 항상 화면 외의 상황을 상상하고 암시하는 요소를 가지고 있다.

포트폴리오를 활용한 효과적인 수업을 진행하기 위해 테마를 정하고 한 장의 사진 이미지에 여러 장의 엮인 사진을 배열함으로써 이야기를 만들어가는 수업을 계획한다. 비슷한 시간이나 공간에 의한 반복이나 사물의 대조를 통해 메시지를 전달한다.

[표 5-10] 포트폴리오

프로그램	포트폴리오		
기능	상황을 해석하고 유추, 추론하는 기능		
목표	1. 주제를 정하고 사진을 촬영하고 스토리를 구성할 수 있다. 2. 촬영된 사진을 보고 스토리를 만들어 순서대로 선택하여 새롭게 배열할 수 있다.		
과정	1. 주제를 정하고 스토리를 제작한다. 2. 사진 촬영을 하고 배열한 후 주제의 흐름을 방해하는 사진을 뺀다. 3. 사진의 내용과 리듬감을 생각하면서 배치한다.		
순서		내용	비고
도입	동기 유발	동기 유발하기 사진을 보고 사진이 찍히기 전후의 상황을 상상하고 이야기한다. 학습 문제 확인 사진을 보고 이야기를 상상하고 표현한다.	사진을 보고 상상하거나 상상한 장면을 사진으로 표현해야 한다.
전개	관련자료 탐색하기	기존 촬영된 사진으로 이야기 만들기 	

[표 5-10] 포트폴리오 (계속)

순서	내용		비고
전개	관련자료 탐색하기	서로 다른 사진이지만 새로운 배열을 통해 이야기가 생성된다. 촬영된 사진으로 스토리를 만든다. 새로운 시간과 공간이 탄생된다. 효과적인 주제 전달을 위해 1장의 사진으로 합성하였다.	
		이야기를 만들고 사진 촬영하기	
		이야기를 설정하고 사진을 촬영한 후 의도된 배열을 통해 스토리를 생성한다. 개별적 사진이 관계의 연속성을 갖게 된다.	
수업 과제	1. 기존에 찍은 사진들을 보고 이야기를 만든 후 사진들을 연결하고 글로 표현한다. 2. 이야기를 만들고, 여러 장의 사진을 촬영한 후 배열하고 글로 표현한다.		주제는 자유주제로 제시하였다.

사진기법을 적용한
공간디자인의 기초조형교육
결과 및 기대효과

1. 사진 읽기 | 2. 사진 찍기 | 3. 사진으로 글쓰기

사진기법을 적용한 공간디자인의 기초조형교육

6.1
사진 읽기 ─────────────────────

6.1.1 사진적 시각을 적용한 기초조형교육

(1) 수업 과제의 결과

    사진적 시각은 다른 사람이 찍은 사진이나 자신이 바라본 공간을 내적 경험과 이미지와의 연결을 통해 사진의 상황을 읽고 사진가 혹은 건축가의 의도나 개념을 유추, 추론하는 능력을 향상시키는 프로그램이다. 사진에 대한 주의 깊은 관찰력을 통해 건축공간에서 건축가의 의도된 개념을 발견하고 그것을 통하여 건축가의 콘셉트를 학습하게 되는 과정이다.

수업 과제 : 일상공간에서 건축가의 의도가 탐지되는 건축물을 사진으로 촬영하거나 잡지,
             인터넷에서 사진 찾아오기

[표 6-1] 사진적 시각 (1)

사례 1	
사진	**결과 분석**
	이 사진은 학생이 직접 찍은 것으로 건물이 튀어나온 용도를 조망을 위한 공간으로 추론하였다. 튀어나온 박스에 큰 유리창이 있어 조망에 유리하다는 것이다. 건물의 콘셉트는 개별 단위공간을 강조하는 유니트 개념을 유추해서 설명하였다. 튀어나온 박스의 형태가 한 개의 단위공간을 형성하고 외부에서도 쉽게 단위공간을 인지하도록 형태를 디자인한 것으로 생각한 것이다. 건축물의 용도는 캡슐 호텔, 아파트, 오피스텔 등 다양한 관점에서 건물을 바라보았다. 사진은 이러한 설명이 잘 이해되도록 정면보다는 측면에서 촬영하여 입체감을 강조하고 있다.

[표 6-2] 사진적 시각 (2)

사례 2	
사진	**결과 분석**
	이 사진은 학생이 직접 찍은 것으로, 건물의 용도를 처음에는 경비실이나 사무실로 추측하였다. 높낮이가 다른 창문의 의미가 내부에 있는 사람이 목적에 따라 밖을 관찰하기 용이한 구조라고 설명하였다. 따라서 경비실이나 사무실로 추론하였는데 조사하는 과정에서 화장실임을 알게 되었다. 용도가 화장실임을 알게 된 후 창문의 높낮이가 다른 형태를 통해 리듬감이 생성된다고 유추해서 설명하였다. 정면에서 창문이 패턴으로 인지되도록 촬영하였다.

[표 6-3] 사진적 시각 (3)

사례 3	
사진	**결과 분석**
	이 사진은 학생이 인터넷에서 찾은 사진으로, 서대문형무소에 있는 투옥자 운동시설이다. 칸칸이 벽들을 막은 이유는 대화를 못하도록 하려는 목적이다. 투박한 벽들의 깊은 골들은 투옥의 공포를 강조하고 있다. 과제를 제출한 학생은 운동시설보다는 미로나 전시를 통한 교육시설로 추측하였다. 투옥자를 위한 운동시설임을 알게 된 후 벽들의 투박함과 오후에 길게 드리워지는 그림자를 통해 더욱 공포심이 느껴진다고 설명하였다.

(2) 기대효과

사진적 시각은 사진에 내재되어 있는 잠재적인 메시지를 찾아가는 과정을 통하여 작가의 콘셉트를 상상하고 유추, 추론하는 능력을 향상시키는 프로그램이다. 다른

[그림 6-1] 사진적 시각이 반영된 공간 표현

사람의 사진을 보고 읽는 과정에서 습득하기도 하지만 본인의 사진에서 우연히 발견하여 습득하기도 한다. 관찰과 상상력을 통한 창의적 표현능력이 중요하다. 과제 결과물에서 보듯이 사진을 찍으며 건축가의 의도된 개념을 추론해보거나 인터넷에서 검색한 사진을 통해 건축가의 설계 콘셉트를 추측하는 과정에서 설계의 개념들을 자신의 시각에서 정리해 볼 수 있다.

이런 학습훈련을 하게 되면 [그림 6-1]의 오른쪽 사진에 있는 바르셀로나 파빌리언의 내·외부의 디자인 연계관계도 유추해 볼 수 있다. [그림 6-1]의 왼쪽 사진은 담장에 그린 나무 그림이 담장 안의 실제 나무와 연결하여 그린 것임을 알 수 있는데, 사진을 찍은 사람은 그림을 그린 사람의 의도를 발견하고 뒤에 있는 나무와 앞에 있는 담장의 나무가 하나의 풍경처럼 인지되는 위치에서 사진을 찍은 것이다. [그림 6-1]의 두 사진은 전혀 연관성이 없는 장소와 시간에 촬영한 사진인데, 우연히 뒤에 있는 배경과 맥락을 고려한 중첩이라는 개념이 일치하고 있다. 바르셀로나 파빌리언 담장의 대리석 패턴은 마치 나뭇잎이 연상되기도 하여 뒤에 있는 나무와 하나의 이미지로 겹쳐 보이기도 한다. 이것은 왼쪽의 사진 같은 장면을 많이 촬영하거나 이와 유사한 사진을 많이 본 사람이 가질 수 있는 마음의 시각이다. 사실 사진을 통해 이러한 시각을 개발하는 것은 쉬운 일은 아니다. 사진의 이미지가 가지고 있는 내적 의미를 발견하는 것은 시각경험과 관계가 있는데, 아직 경험이 많지 않은 학생들은 내적 의미작용보다는 외형적 유사성에 의미를 두고 관찰하는 경우가 많기 때문이다.

하지만 이러한 작업들이 반복되다 보면 좀 더 사물이나 사진을 주관적 관점에서 바라보게 되고, 의미를 탐구하는 과정을 통해 사진적 시각은 개발될 것이다. 다음은 이러한 과정을 학습한 학생들이 설계 스튜디오 과정에서 사진적 시각을 응용하여 적용한 사례이다.

[표 6-4] 스튜디오 패널에서 사진적 시각 표현 사례(1)

사례 1

패널사진	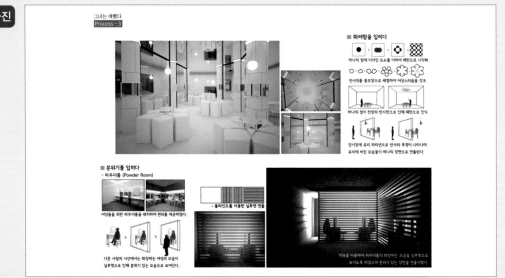
학습효과	로우 앵글을 통한 반영을 이용하여 공간을 디자인한 화장품 매장 계획안이다. 천장의 미러를 통해 가구의 배치가 아이레벨에서는 느낄 수 없는 여성스럽고 아름다운 꽃을 연상하도록 하였다. 가구배치를 꽃처럼 보이도록 배치하였는데 이것은 하이레벨에서만 발견할 수 있기 때문에 천장의 마감을 미러로 계획하여 천장을 올려다보았을 때 발견할 수 있도록 하였다.

[표 6-5] 스튜디오 패널에서 사진적 시각 표현 사례 (2)

사례 2

패널사진

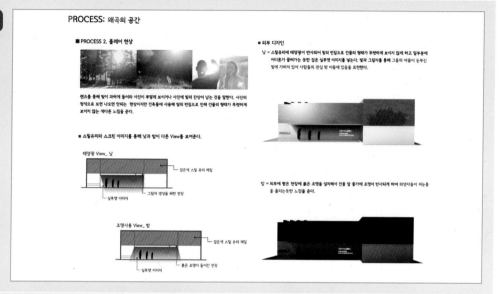

학습효과

사진의 플레어 현상을 스튜디오 설계에 의도적으로 도입한 계획안이다. 사진에서 플레어 현상이나 하이키 사진은 보통은 피해야 하는 경우가 많지만 때에 따라 극적인 효과를 위해 사용하기도 한다. 건물 입구에서 햇빛과 조명을 통한 반사를 의도적으로 연출하여 건물에 다다랐을 때 건물이 인지되는 효과를 주려고 플레어 현상을 모티브로 디자인하였다. 위 공간은 위안부를 위한 역사 도서관이다. 왜곡된 역사를 바로보려는 개념을 공간에 담으려고 하였다. 플레어 현상은 렌즈를 통한 빛의 왜곡이다. 여기서는 햇빛과 조명에 의해 빛의 왜곡이 발생했고, 그것을 서 있는 사람의 위치에 따라 건물이 다르게 보인다는 프로세스로 공간을 계획했다. 건물의 입구에서 빛의 왜곡에 의해 희미하게 느껴졌던 건물의 형태가 가까이 다가갈수록 뚜렷하게 보이고 빛에 의해 보이지 않았던 유리에 부착된 실루엣 사진들이 보이면서 건물에서 보여주고자 했던 역사적 메시지를 전달하고 있다.

이 콘셉트는 새로운 시각보다는 헤르조그 & 데뮤론의 리콜라 유럽공장에서 나타난 플레어 현상의 기존 콘셉트를 응용하여 설계에 반영한 것으로 볼 수 있다.

학생들은 앞서 3장에서 기술한 사진의 기법 중 플레어 현상을 학습했고 이것을 실제 스튜디오 설계에서 적용한 것이다.

[표 6-6] 스튜디오 패널에서 사진적 시각 표현 사례(3)

사례 3

패널사진

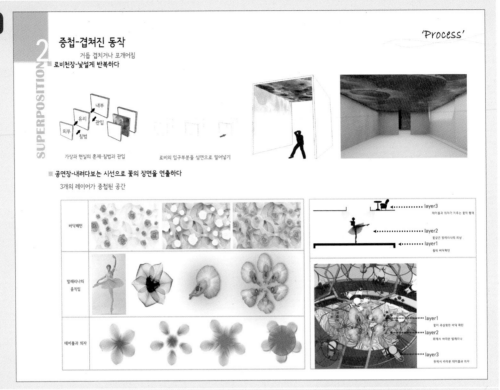

학습효과

위 계획안은 발레학교를 위한 계획안이다. 우리는 발레리나는 '꽃처럼 아름답다'라고 생각하는 사람이 많다. 실제로 하이앵글에서 바라본 발레리나는 입고 있는 의상에 의해 꽃처럼 보여지기도 한다. 위 공간은 관람석을 위층, 공연장을 아래층에 계획하고 바닥을 유리로 하여 발레리나의 공연이 꽃처럼 보여지도록 계획하였다.

하이앵글에서 바라보는 시각을 학습한 학생들은 이렇게 다양한 시선에서 공간을 바라보고 연출할 수 있는 사진적 시각을 갖게 된 것이다.

사진적 시각의 기초조형교육 과정과 교육의 효과를 정리하면 다음과 같다.

[그림 6-2] 사진적 시각의 교육과정 프로세스

6.2
사진 찍기

6.2.1 점, 선, 면을 적용한 기초조형교육

(1) 수업 과제의 결과

수업 중 밖에 나가서 예쁜 꽃을 찾아 촬영하는 과정은 공간의 배치를 교육하는 과정이다. 학생들은 대부분 [그림 6-3]에서 보는 사진과 유사하게 꽃이 여러 송이 피어 있는 모습을 촬영하였다. 여러 송이의 꽃으로 촬영된 꽃은 시각의 인지력이 분산되어 어느 것 하나도 정확하게 인지되지 않는다. 보통 사진을 처음 찍는 경우 대부분 이런 시각으로 사물을 바라보고 사진을 촬영하게 된다. [그림 6-4]는 공간적 장력이 점의 요소들 사이에서 작용된 사진이다. 여러 개의 점 중 주 피사체를 선정하고 나머

[그림 6-3] 힘의 분산 [그림 6-4] 힘의 집중

지는 보조 피사체가 되어 주 피사체를 강조한다. 우리의 시선은 먼저 주 피사체로 갔다가 보조 피사체로 옮겨가게 된다. 학생들이 직접 찍은 사진 사례를 먼저 발표하게 한 후 [그림 6-4]의 사진을 보여주어 공간에서 장력이 작용하여 특정한 점의 요소를 쉽게 인지할 수 있는 방법을 찾도록 지도한다.

수업 과제로 공간 속에서 점, 선, 면으로 인지되는 사물을 찾아 촬영하는 과정은 점, 선, 면이라는 조형요소를 시각적으로 유사한 개념을 가지고 형태를 찾는 방법으로 진행한다.

① 점

점의 요소로 촬영한 사진을 보면 배경과의 관계, 사물의 개수나 위치에 따라 집중형, 연속형, 분산형으로 분류해 볼 수 있다.

수업 과제 : 공간에서 점의 요소를 찾아 촬영하기

[표 6-7] 집중형으로 촬영한 점

사례 1	
사진	 
결과 분석	한 개의 점으로 인식되는 사물을 찾는 과정은 공간에서 시각적 인지성을 높이는 방법을 찾아가는 과정이다. 배경이 단순할수록 사물의 인지가 쉬워진다는 사실을 사진 촬영하는 과정에서 발견해야 한다. 과제의 결과물은 사례의 사진처럼 배경이 단순하거나 점으로 인지되는 사물의 컬러가 배경과 대비되어 쉽게 인지할 수 있는 경우도 있었지만 배경이 복잡하거나 색상이 비슷하여 인지가 어려운 경우도 있었다.

[표 6-8] 연속형으로 촬영한 점

사례 2	
사진	 
결과 분석	같은 크기의 점들이 반복되면 패턴으로 보이기 때문에 연속형의 점은 선이나 면으로 인지되어 보인다. 눈에 보이지는 않지만 점들을 연결하는 가상의 선이나 면이 심리적으로 보여지기 때문이다. 공간에서 연속으로 인지되는 점들의 크기는 대부분 균일한 경우가 많기 때문에 점들의 크기보다는 간격이나 방향에 따라 공간의 성격이 많이 달라진다. 결과물의 사진을 보면 학생들이 사진을 촬영하면서 이러한 연속형으로 표현된 점들의 특성을 잘 파악하지 못한 것으로 보인다. 시각적으로 대등한 관계로 점의 요소들을 촬영하여 특별히 인지되는 사물이 보이지 않는다. 측면보다는 정면에서 촬영해야 점들이 패턴으로 인지되는 것을 쉽게 발견할 수 있다.

[표 6-9] 분산형으로 촬영한 점

사례 3	
사진	
결과 분석	분산형의 점은 배경과의 관계보다는 점들간의 인장력이 중요한 시각적 요소가 되는데, 여기서 인장력은 관찰자의 위치에서 거리, 사물의 크기, 색상 등에 따라 달라진다. 결과물의 사진을 보면 맨 왼쪽과 중앙의 사진은 사물들 간의 인장력이 느껴지지 않는다. 이것은 분산형 점의 요소들이 가지고 있는 점의 특징을 잘 인지하지 못한 것으로 보인다. 학생들의 과제 발표 후 공간에서 점의 요소가 갖고 있는 인장력에 대해 설명하고 그것으로 인해 공간에 질서가 생기는 과정을 설명한다. 맨 오른쪽 사진은 위치와 사물의 크기에 의해 인장력이 생겨 시각의 우선순위가 느껴진다.

[표 6-10] 예쁜 꽃 사진 찍기 (1)

사례 4	
사진	
결과 분석	수업시간에 촬영한 예쁜 꽃 사진을 찍는 과제는 공간에서 가장 핵심이 되는 주제를 찾아내는 학습과정이다. 공간에는 무수히 많은 사물이 존재한다. 그중 그 공간을 구성하는 가장 핵심이 되는 요소를 찾아내는 시각 훈련이 필요하다. 예쁜 꽃을 찾아 사진으로 표현하는 것은 이러한 시각 훈련을 하는 데 효과적이다. 많은 꽃들을 대등한 관계로 보면 시각적 가시성이 떨어지기 때문에 주인공으로 보일 꽃을 설정하고 나머지 꽃들을 조연으로 설정하여 주인공이 되는 꽃이 부각되도록 해야 한다. 크기나 위치, 색상 등의 대비를 통해 시각적 가시성을 높이는 방법을 스스로 찾아가는 과정인데, 결과물의 사진들은 주제와 부제의 구별이 없고, 배경을 단순화시키지 않은 채 촬영하여 시각적 가시성이 많이 떨어진다. 사진 촬영하는 과정에서 예쁜 꽃이라는 주제에 대한 개념을 가시성이 아니라 단순한 꽃의 형상으로 인지한 것으로 보인다.

[표 6-11] 예쁜 꽃 사진 찍기 (2)

사례 5		
사진		
결과 분석	'예쁜 꽃'이라는 주제를 새로운 시선에서 상상하고 촬영한 사례이다. 이것은 '예쁜 꽃'이라는 개념을 형태적 유사성보다는 상징적 의미로 해석한 것이다. 사진 ①은 중첩의 기법을 사용하여 꽃을 계단 난간에 거꾸로 매단 후 마치 치마처럼 보이도록 설정하여 촬영한 것이다. 사진 ②는 원형 테이블과 의자가 위에서 바라보면 마치 꽃처럼 보일 수 있다는 새로운 시각에서 바라보고 촬영한 것이다. 사진 ③은 자동차 바퀴의 휠이 꽃의 형상처럼 보일 수 있다는 시각에서 촬영한 것이다. 예쁜 꽃 사진 찍기 과제가 시각적 가시성을 찾는 목적으로 주제를 설정하는 연습을 위한 의도에서 출발했지만 이렇게 다양한 시선으로 사물을 바라보고 촬영한 결과물이 일부 있었다. 사진을 재현의 도구로 바라보는 시각이 대부분이지만 이렇게 창의적인 시각표현의 도구로 활용하는 방법을 과제를 통해 발견해야 한다.		

② 선

선의 조형적 요소는 공간의 성질을 만드는 기호로 작용한다. 사진에서 선의 요소는 방향과 감정을 발생시키는 요소임을 교육하였다. 하지만 과제로 제출된 선의 요소로 촬영된 사진은 사선보다는 대부분 수직선이나 수평선 같은 안정감을 느낄 수 있는 선 위주로 촬영하였다. 또한 유기적인 선보다는 기하학적인 형태를 가진 선들을 많이 촬영하였다. 안정감을 느끼는 평온한 구도를 대부분 학생들이 선호하는 것을 알 수 있었다. 따라서 역동적인 공간을 연출하려면 보다 적극적인 방향에 대한 교육이 이루어져야 한다.

수업 과제 : 공간에서 선의 요소를 찾아 촬영하기

[표 6-12] 수평선, 수직선으로 표현한 선

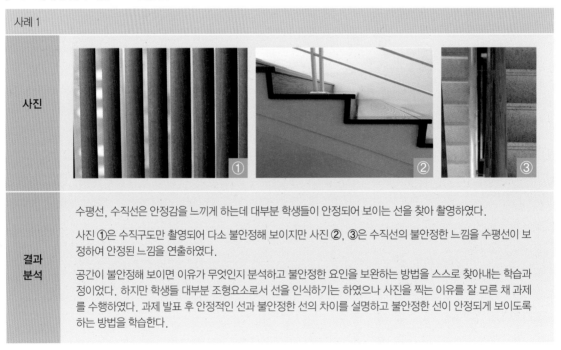

사례 1	
사진	
결과 분석	수평선, 수직선은 안정감을 느끼게 하는데 대부분 학생들이 안정되어 보이는 선을 찾아 촬영하였다. 사진 ①은 수직구도만 촬영되어 다소 불안정해 보이지만 사진 ②, ③은 수직선의 불안정한 느낌을 수평선이 보정하여 안정된 느낌을 연출하였다. 공간이 불안정해 보이면 이유가 무엇인지 분석하고 불안정한 요인을 보완하는 방법을 스스로 찾아내는 학습과정이었다. 하지만 학생들 대부분 조형요소로서 선을 인식하기는 하였으나 사진을 찍는 이유를 잘 모른 채 과제를 수행하였다. 과제 발표 후 안정적인 선과 불안정한 선의 차이를 설명하고 불안정한 선이 안정되게 보이도록 하는 방법을 학습한다.

[표 6-13] 사선, 곡선으로 표현한 선

사례 2	
사진	  
결과 분석	사선은 에너지와 원근감을 주지만 시각적으로 불안정해 보인다. 곡선은 직선에서 찾아볼 수 없는 리듬감을 주어 움직이는 동감의 느낌을 전달한다. 선의 요소는 방향에 따라 느낌이 다른데, 학생들 대부분은 사물의 정면에서 사진을 촬영하였다. 면의 요소도 찍는 위치와 길이, 면적에 따라 선으로 인지되기도 하는데 대부분 결과물은 순수한 선의 관점에서 촬영을 하였다. 측면에서 찍은 사진과 정면에서 찍은 사진을 비교하고 리듬감과 움직임이 발생하는 이유에 대하여 학습한다.

③ 면

면으로 촬영된 사진은 대부분 패턴의 형태를 가지고 있음을 볼 수 있었다. 직선이나 곡선의 면이 갖고 있는 특성에 따라 공간의 경계가 달라지는 것을 발견하고 촬영한 사진은 존재하지 않았다. 대부분의 학생은 건축공간에서 면의 형태를 촬영했고, 자연 속에서 면의 형태를 발견한 학생도 일부 있었다.

[표 6-14] 평면으로 표현한 면

사례 1	
사진	
결과 분석	공간에서 면을 찾는 과정은 공간의 경계와 패턴을 통한 공간 연출방법을 찾는 과정이다. 하지만 면이 공간의 경계를 만드는 특징이 있다는 사실은 학생들이 사진을 찍으면서 발견하지 못한 것으로 보인다. 면으로 촬영된 사진은 옆에 있는 결과물처럼 거의 대부분 패턴의 문양을 중심으로 촬영하였는데, 이것은 입체보다는 평면으로 면을 인지하고 있는 것으로 추측할 수 있다. 특히 사진처럼 학생들은 면을 패턴으로 인식하고 있는 경우가 많았다. 면의 요소는 배경이 되기도 하고 주제가 되기도 하는데 학생들이 촬영한 사진은 대부분 배경이 되는 사진이었다. 학생들은 면을 조형적 매스보다는 2차원적 평면의 개념으로 인식하고 반복을 통해 표현하는 시각기호로 이해하고 있었다.

[표 6-15] 입체 / 색상 대비로 표현한 면

사례 2	
사진	
결과 분석	소수이긴 하지만 결과물에 있는 사진 ①, ②처럼 면을 입체로 표현한 사진이 있었고, 사진 ③처럼 색상의 대비를 면으로 표현한 사진도 있었다. 이 경우 면의 요소는 배경보다는 주제로 인지되는 경우가 많아, 면의 요소를 부각시키려면 면을 평면보다는 입체로 표현해야 효과적이라는 사실을 배울 수 있었다. 이렇게 면은 보는 관점에 따라 공간의 주체로 부각시킬 수도 있고 주체를 받쳐주는 배경이 되기도 하는 것이다.

[표 6-16] 기타

사례 3	
사진	 
결과 분석	사진 ①처럼 자연의 풍경에서 면을 인식한 사진 등의 결과물도 있었다. 자연의 풍경은 경계가 보이지 않지만 면적에 대한 인식에서 촬영한 것으로 보인다. 사진 ②는 곡선의 면을 촬영한 것으로 곡선의 면은 경계가 불분명해 보이기 때문에 공간이 더 확장되어 보인다. 하지만 사진 ②를 촬영한 학생도 곡선의 면이 공간의 경계를 불분명하게 하여 확장된 느낌을 갖게 한다는 사실은 모르고 촬영한 것으로 보인다. 이 경우 직선의 면과 비교하여 설명하여 면의 특징을 확실하게 인지하도록 교육해야 한다.

(2) 기대효과

① 점

공간에서 점으로 인지되는 사물을 찾아 촬영하는 과정을 통해 공간디자인 계획 시 사물을 돋보이게 하는 방법을 학습할 수 있었다.

학생들이 제출한 과제 [그림 6-5]에서 보듯이 사물이 쉽게 인지되는 과정(주제와 배경과의 관계)을 학습하며 가시성의 순서, 즉 공간의 시각적 질서를 깨닫게 되었다. [그림 6-6]과 같이 구두매장에서 구두는 바닥의 마감재의 문양이나 색상이 단순할수록 더 돋보인다. 이와 같은 원리를 사진을 촬영하는 과정 속에서 학생들은 인지하게 되었다.

공간 안의 물체는 배경을 가지고 있으며 배경에 의해 가시성이 달라지기 때문에 학생들은 점의 요소를 찾는 과정에서 사물이 부각되려면 배경과의 관계가 어떻게 작용되어야 하는지 알게 되었다. 또한 여러 개의 점일 경우 점의 요소는 점의 크기, 모양,

[그림 6-5] 수업 과제   [그림 6-6] 점의 요소

위치, 색깔에 따라 가시성을 달리한다는 사실도 과제를 진행하며 확실히 인지하 게
되었다.

　스튜디오에서 점의 학습효과는 패널의 레이아웃에서 주로 많이 나타났다. 아래
사례는 패널에서 점의 기호작용을 적용한 중간평가와 최종평가의 결과물이다. 패널
에서도 점의 시각적 질서에 의해 가시성은 달라지는 것을 확인할 수 있다. 점의 크기
에 의해 질서가 생겨나는 것이다. 이와 같이 패널의 레이아웃에서 가장 강조해야하
는 점의 요소를 주 피사체로 설정하고 나머지 설명이 되는 요소들을 보조 피사체로
설정하여 패널의 가시성이 높아지도록 학생 스스로가 인지하고 수정한 것이다. 공
간에서 발생하는 점의 조형적 요소가 가지고 있는 의미들을 학생들은 실제 설계에서
적용하고 활용할 수 있게 된 것이다.

[표 6-17] 스튜디오 패널에서 점의 요소에 따른 변화 (1)

사례 1	
중간평가	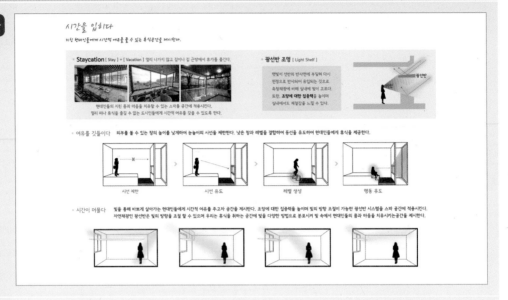
최종평가	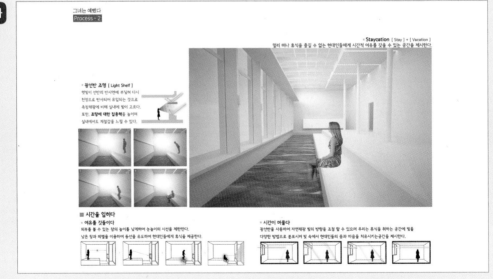

결과분석

중간평가 때는 시각적으로 눈에 띠는 대상이 없어 어느 것도 눈에 들어오지 않는다. 설명하는 내용의 시각적 질서가 균일하기 때문이다.

최종평가 때는 이 페이지에서 설명하고자 하는 내용을 하나의 큰 이미지로 보여주고 나머지는 큰 이미지를 설명하는 내용으로 구성이 되었다. 주제와 부제가 명확한 시각적 질서가 생성되어 가시성이 높아졌다.

[표 6-18] 스튜디오 패널에서 점의 요소에 따른 변화 (2)

사례 2

중간평가

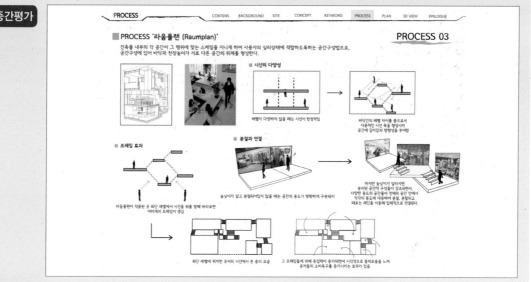

최종평가

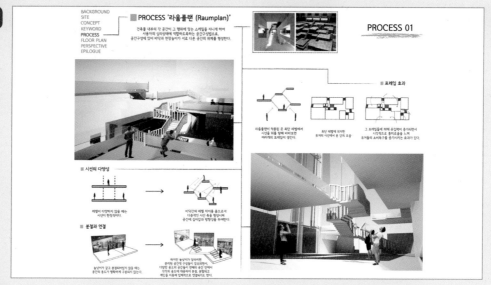

결과분석

중간평가 때는 사례 1과 마찬가지로 시각적 질서가 균일하다. '라움플랜'이라는 개념을 설명하는 사진과 프로세스인데 개념을 설명하는 그림의 크기가 같기 때문이다.

최종평가 때는 '라움플랜'의 개념이 들어간 이미지를 크게 두 개의 이미지로 보여주고 나머지는 큰 이미지를 설명하는 내용으로 구성이 되었다.

큰 이미지는 대각선으로 배치하여 시각적 지루함을 없애 주었고 주제와 부제가 명확한 시각적 질서가 생성되어 가시성이 높아졌다.

[표 6-19] 스튜디오 패널에서 점의 요소에 따른 변화 (3)

사례 3

중간평가

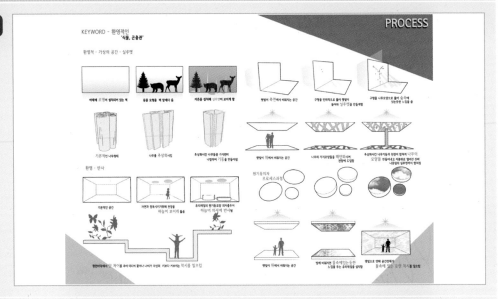

최종평가

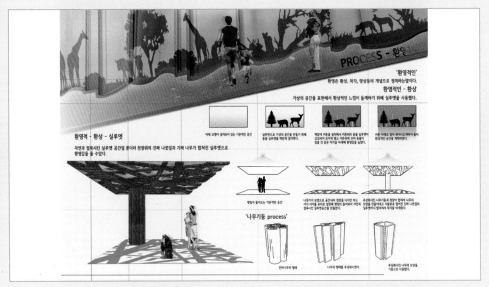

결과분석

실루엣 기법을 공간에 적용한 스튜디오 패널이다. 천장 위에 나무 줄기 패턴의 형태와 진짜 나무가 그림자를 만들며 실제와 환영의 착시 공간을 만들었다. 또한 벽은 조명에 의해 동물의 실루엣이 나타난다.

중간평가 때는 시각적 질서가 균일하여 이러한 내용이 눈에 잘 들어오지 않는다.

최종평가에서 벽의 실루엣 표현은 패널 상단에 크게 배치하고 천장과 바닥의 그림자 표현은 3D로 크게 표현하여 주제를 부각시키고 나머지는 주제를 설명하는 부제로 작게 표현하여 시각적 가시성이 높아졌다.

점의 기초조형교육 과정과 교육의 효과를 정리하면 다음과 같다.

대비를 통한 디자인 방법

[그림 6-7] 점의 교육과정 프로세스

② 선

선의 공간에서 시각기호는 두 가지 측면에서 접근하였다. 첫째는 시각적 안정감을 찾는 것이고, 두 번째는 밋밋한 분위기를 전환하는 것이다. 먼저 선을 찾는 과정을 통해서 공간디자인 계획 시 안정되어 보이는 구도를 만드는 방법을 학습할 수 있다. 수직선과 수평선은 안정적인 느낌을 주고, 사선은 원근감과 운동감을 주지만 불안정한 느낌을 갖게 하여 특별한 목적이 있을 때 사용하게 된다. 학생들은 조형요소로서 선을 찾는 과정에서 대부분 안정적인 선을 찾아 촬영하였다. 하지만 이 과정에서 사물에 대한 인지력과 기초조형 능력은 향상되었지만, 본래 학습 목표인 불안정한 느낌을 보완하는 방법과 밋밋한 분위기를 전환하는 방법은 사진 촬영 시 발견하지 못하였다.

촬영과제 발표 후 추가 설명을 통하여 사진 촬영의 목적과 안정된 구도를 만드는 방법을 교육한다. 그리고 역동적인 공간의 느낌이 들려면 정면보다는 약간 측면에서 선이 연출되어야 훨씬 생동감 있는 공간이 형성됨을 사진 사례를 통하여 교육한다. 선의 요소는 바라보는 위치, 즉 방향에 따라 공간의 성질은 달라진다.

[그림 6-8]은 같은 공간이지만 보는 방향에 따라 정적인 느낌과 동적인 느낌 등

[그림 6-8] 선의 요소가 부각되는 공간

공간의 성질은 달라진다. 왼쪽 사진은 안정적인 느낌은 있지만 방향이나 역동성은 느껴지지 않는다. 오른쪽 사진은 안정적이면서도 시선이 화면의 우측으로 이동하면서 역동적인 느낌이 든다. 이와 같이 선을 다루는 방법과 사진에서 선을 인지하는 방식을 학습하는 과정을 통해 공간의 성질을 만들고 표현하는 방법을 학습하게 된다. 스튜디오에서 선의 학습효과는 최종 패널 작업에서 3D 프로그램의 카메라 방향 설정 과정에서 주로 많이 나타난다. 카메라의 뷰파인더와 3D 프로그램의 카메라 설정은 같은 원리라고 볼 수 있다.

선의 기초조형교육 과정과 교육의 효과를 정리하면 다음과 같다.

[그림 6-9] 선의 교육과정 프로세스

[표 6-20] 스튜디오 패널에서 선의 요소에 따른 변화 (1)

사례 1

중간평가

최종평가

결과분석 중간평가 때 학생들은 3D 프로그램의 카메라 방향을 건물 정면에 주로 배치하는 것으로 나타났다. 하지만 이렇게 카메라를 정면에 배치했을 경우 방향성이 없어 안정적이지만 단조롭고 역동성이 부족하여 밋밋한 느낌이 강하게 된다. 하지만 최종 결과물에서 카메라의 위치를 측면에 설정한 후 방향성과 원근감이 생기면서 훨씬 생동감 있는 공간을 연출하였다. 시선을 건물 안쪽으로 유도하며 사진의 공간을 더 길고 깊이 주시하게 만들어 풍부한 시각적 경험을 느끼도록 연출한 것이다.

[표 6-21] 스튜디오 패널에서 선의 요소에 따른 변화(2)

사례 2

중간평가

최종평가

왜곡의 공간 _외부
건물 외부에 스틸유리와 실루엣 이미지를 통해 낮과 밤이 다른 View를 보여준다.
빛과 그림자를 통해 그들의 이름이 눈부신빛에 가려져 있어 사람들의 관상 밖 어둠에 있음을 표현한다.

결과분석 사례 2 역시 중간평가 때 건물 정면에 카메라를 배치하여 방향성이 느껴지지 않는다. 카메라의 위치도 조금 뒤로 물러나서 건물과 대지가 함께 표현되도록 하였고 대지에서 건물로 시선이 움직이도록 유도하였다. 사람이 서 있는 위치에 따라 건물 유리에 비친 빛의 반사가 달라져서 공간을 인지하는 영역이 다르게 보이는 설계의 콘셉트가 더 분명하게 설명된다. 또한 사선으로 배치된 건물을 따라 시선이 움직이며 건물의 생동감이 살아난다.

[표 6-22] 스튜디오 패널에서 선의 요소에 따른 변화 (3)

사례 3

중간평가

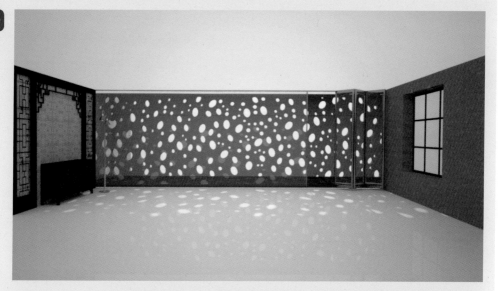

최종평가

결과분석   사례 3도 중간평가 때는 카메라를 정면으로 배치하여 구도는 안정적이나 밋밋한 느낌이 든다. 이 공간은 전체 공간을 보여주는 것보다는 카메라를 조금 더 앞에 배치하여 실제 이 공간의 기능을 강조하고 측면 공간과의 연계를 통한 공간표현이 더 효율적이다.

최종평가 때는 카메라를 앞으로 전진하고 사선으로 카메라를 배치하여 공간에 생동감이 연출되도록 하였다.

③ 면

면을 사진으로 촬영하는 과정은 공간의 경계와 패턴을 알아가는 과정이다. 직선의 면은 공간의 경계가 분명한데 비해 곡선으로 이루어진 면은 공간의 경계가 확장되어 공간의 경계가 불명확해져 공간이 더 커 보이는 효과가 있다. 학생들의 수업 과제 결과물을 보면 공간의 경계에 대한 인식보다는 면을 평면의 개념으로 인식하고 패턴으로 된 공간을 많이 찾아 촬영을 하였다. 학생들은 유리에서 시작하여 벽돌, 타일 등 마감재의 패턴을 촬영하며, 2차원의 면과 입체적인 면의 다양한 형태를 파악하게 되었다.

촬영과제 발표 후 [그림 6-10]의 사례처럼 직선의 면과 곡선의 면을 다시 한번 보여주고 직선과 곡선의 면이 갖고 있는 특성을 추가 설명하여 면의 종류에 따라 공간의 경계가 달라지는 원리를 설명한다. 왼쪽 사진처럼 직선의 면은 경계가 분명하게 나타나지만 오른쪽 사진처럼 곡선의 면은 경계가 불분명하여 공간이 확장되어 보인다. 여기에 은하수 같은 느낌이 들도록 조명을 설치하여 공간은 더욱 확장되어 보이도록 연출하였다. 비록 공간의 경계를 면을 통해 인지하는 과정은 수업을 들은 후 알게 되었지만, 면을 패턴으로 인지하는 과정은 학생들이 과제를 수행하면서 스스로 배우는 경우가 많았다. 이 과정에서 면을 인지하는 시지각 능력과 기초조형 능력이 향상된다.

공간에서 기본이 되는 바닥과 벽은 대부분 마감재의 패턴이 디자인의 중요한 요소로 작용한다. 단순한 배경으로의 면과 색상의 대비가 돋보이는 면을 촬영하면서

[그림 6-10] 면의 요소가 부각되는 공간

공간을 구성하는 이미지를 형성하는 능력이 향상되었다. 사진을 촬영하고 추가 설명을 통해 면의 요소는 패턴으로 많이 나타나기도 하지만 공간의 경계를 나타낸다는 기호임을 알게 되었고, 이것을 학습한 학생들은 스튜디오에서 직선과 곡선의 면을 통해 공간의 경계를 표현하였다. [표 6-23, 24]는 스튜디오 패널에서 면의 디자인에 따라 공간의 경계가 확연히 다른 느낌을 준다. 학생들은 또한 면들을 평면적으로 표현할 때는 패턴으로 많이 표현한다는 사실을 과제를 통하여 학습하였다.

[표 6-23] 스튜디오 패널에서 면의 표현 사례 (1)

사례 1 : 직선으로 표현한 면

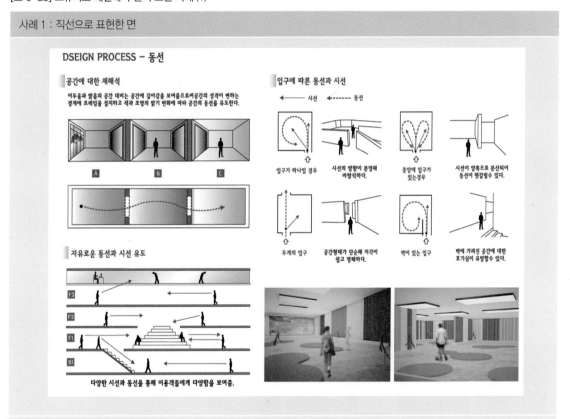

직선으로 표현한 벽의 경계에 톤을 달리하여 경계를 더욱 강조하였다. 직선의 벽은 조명의 밝기에 따라 공간의 구분을 더욱 명확하게 나타나게 한다. 공간의 경계를 강조하는 직선 면의 특징을 디자인에 잘 활용하고 있다.

[표 6-24] 스튜디오 패널에서 면의 표현 사례 (2)

사례 2 : 곡선으로 표현한 면

경계가 불명확한 곡선의 면을 활용하여 내·외부의 확장된 공간을 강조한다. 조명 또한 곡선으로 처리하여 공간의 연속성을 잘 표현하고 있다. 공간의 연속성을 강조할 때는 직선보다는 곡선의 면이 훨씬 쉽게 인지됨을 사진촬영 과정을 통해 학습하였다.

면의 기초조형교육 과정과 교육의 효과를 정리하면 다음과 같다.

사진교육에서 면	공간디자인교육에서 면	설계 스튜디오에서 면

이미지를 체계화 평면성 패턴 조성	패턴 공간의 경계 공간의 확장	패턴 공간의 경계 공간의 확장

대비, 반복에 의한 디자인 방법

[그림 6-11] 면의 교육과정 프로세스

6.2.2 프레이밍(구도)을 적용한 기초조형교육

(1) 수업 과제의 결과

전체 공간 속에서 한 부분을 잘라 담는 과정은 사진의 가장 근본이 되는 원리이다. 시간적, 공간적 상황들을 필요한 때, 필요한 부분만을 골라 담으려면 여러 단계의 학습 과정이 필요하다. 배경과의 관계에 따라 가로, 세로의 구도가 필요하고, 건축의 벽과 같이 에워쌈을 통하여 전체에서 부분을 강조하는 기법도 필요하다. 프레이밍(구도)은 전체 안에서 부분을 강조함으로써 전하고자 하는 주제를 명확하게 표현하기 위한 프로그램이다. 프레이밍을 배우는 과정은 3가지 과제로 제시하였다. 첫째, 하늘이 예뻐 보이는 공간을 찾는 것, 둘째, 강조하고 싶은 사물을 찾아 사진으로 촬영하는 것, 셋째, 수평분할 프레임, 수직분할 프레임 사진촬영이다. 관련자료 탐색하기에서는 개념만 설명하고 구체적인 사례는 제시하지 않았는데 이는 수업 과제를 이행하는 과정에서 학생 스스로가 올바른 구도를 찾는 경험이 중요한 프로그램이기 때문이다.

> 수업 과제 : 1. 하늘이 예쁜 공간 찾아서 촬영하기
> 2. 강조하고 싶은 사물 찾아서 촬영하기
> 3. 수평분할 프레임, 수직분할 프레임 촬영하기

그림은 공간을 채워서 완성하고 사진은 공간을 잘라내어 완성한다.

[표 6-25] 하늘이 예쁜 공간 찾아서 촬영하기

사례 1	
사진	
결과 분석	프레이밍(구도)을 찾는 과정은 공간에서 더하거나 빼야 할 부분을 찾아내는 과정이다. 학생들은 첫 번째 과제를 수행하면서 대부분 사진 ①, ②처럼 구름과 조화를 이룬 예쁜 하늘 위주로 촬영하였다. 일부는 사진 ③이나 사진 ④처럼 하늘을 둘러싼 배경을 함께 촬영한 사진도 있었다. 주변 사물이 가려지거나 개입되는 상황에 따라 공간의 느낌이 달라지는 지는 것을 발견할 수 있다. 예쁜 하늘은 하늘만 찍었을 때보다 무언가에 둘러싸였을 때 더 예쁘게 보이는데, 이유는 시선을 일부 차단하여 보여주고자 하는 부분만 강조하기 때문이다. 또한 둘러싸인 공간을 통해서 무한한 공간인 하늘이 공간에 잠시 머물러 있는 듯한 착각을 주기도 한다. 이것을 사진을 찍는 과정에서 직관적으로 발견하고 촬영한 학생들이 일부 있었다.

[표 6-26] 강조하고 싶은 사물 찾아서 촬영하기

사례 2	
사진	 
결과 분석	사물을 강조하려면 주제가 되는 사물만 부각시켜야 하기 때문에 주변의 필요 없는 배경을 배제하거나 추가해서 표현해야 한다. 배경과의 관계에 따라 가로, 세로 프레임을 결정하며 이미지를 효과적으로 구성하는 방법을 찾아내어야 한다. 하지만 학생들의 결과물 대부분은 배경과의 관계보다는 사물의 형상에 따라 가로, 세로 프레임을 결정하는 것을 볼 수 있었다.

[표 6-27] 수평분할 프레임 / 수직분할 프레임

사례 3	
사진	 
결과 분석	수평분할 프레임과 수직분할 프레임은 배경과의 관계에 따라 결정해야 한다. 사진 ①은 열차와 배경의 관계가 잘 표현되었다. 코너를 돌고 있는 열차의 창가에서 사진을 촬영하였으며 열차의 앞부분과 창밖에 있는 풍경을 함께 프레임에 담아 속도감과 함께 여행의 느낌이 더욱 강조된다. 사진 ②는 배경보다는 건물의 형태를 강조하고 있다. 주변배경은 삭제되어 가운데 있는 건물을 더욱 주목하게 된다. 주제와 배경과의 관계가 중요한 프레임은 수평분할 프레임이 효과적이고, 배경과 관계없이 주제만 강조하고 싶으면 수직분할 프레임이 효과적임을 사진 촬영하는 과정에서 발견해야 한다.

(2) 기대효과

프레이밍(구도)을 포착하는 과정을 통해 공간디자인 계획 시 주제나 강조하고자 하는 대상을 명확히 전달하는 방법을 학습할 수 있다. 과제 제시 전 수업시간에 예쁜 하늘을 담기 위한 방법과 사물과 배경의 관계는 설명하지 않는 것이 좋다. 학생들이 과제의 대상을 찾는 과정을 통해 스스로 발견해야 훨씬 더 학습 효과가 높기 때문이다. 일부 학생들은 둘러싸인 통해 공간을 효율적이고 예쁘게 보이는 공간을 찾아내었지만 대부분의 학생들은 전체 하늘만 표현된 사진, 혹은 구름이 예쁜 사진을 결과물로 제시하였다.

발표와 피드백 과정을 거치면서 [그림 6-12]처럼 전체 구도에서 강조하고 싶은 사물을 표현하려면 주변 사물을 제거하거나 더하는 것이 효과적인 표현방법인 것을 확실히 인지하게 되었다. [그림 6-12]는 옥상의 난간을 높게 하여 하늘이 둘러싸인 공간 안에 들어온 것처럼 계획하였고, 난간에 수평으로 열린 공간을 계획하여 바라보고 싶은 풍경만 보이도록 하였다. 사실 이러한 공간연출은 르 코르뷔지에가 빌라 사보아에서 실현시킨 방법이기도 한다. 공간에서 더해야 하는 것들과 빼야 하는 것들에 대한 훈련을 통하여 학생들은 공간에서 무엇을 강조하고 보여주어야 하는지를 알게 되었다.

프레이밍(구도)에서 공간의 더하기와 빼기를 학습한 학생들은 실제 스튜디오에서 공간디자인 계획 시 전체 평면도에서 어느 부분을 선택해서 패널에 표현해야 하는지를

[그림 6-12] 프레이밍이 부각되는 공간

알고 계획하게 되었다. 전체 공간에서 보여주고 싶은 공간을 선택하고, 그 공간에서 더하거나 빼야 할 요소를 결정하는 능력을 갖게 된 것이다. [표 6-28, 29, 30]은 스튜디오 수업에서 강조할 공간을 위해 주변 공간의 일부를 제거한 사례이다.

[표 6-28] 스튜디오 패널에서 공간의 빼기 사례 (1)

사례 1 : 에워쌈을 통한 공간빼기

스튜디오 계획안 중 부티크 호텔의 한 장면이다. 예쁜 하늘을 촬영하면서 주위에 프레임을 통한 가려짐을 학습한 학생들은 무한히 펼쳐진 하늘의 배경을 발코니 천장과 옆 벽면을 연장하여 계획하였다.
이렇게 디자인을 한 이유는 옆 공간의 시선을 차단하여 하늘을 에워싼 프레임을 통해 풍경이 예쁜 하늘을 강조하기 위해서이다.
발코니의 물과 외부의 하늘은 프레임 속에서 더욱 강조되어 휴양지의 느낌을 더욱 극대화시킨다.
이러한 설계 방법은 르 코르뷔지에가 벽을 보기 싫은 풍경을 가리기 위한 용도로 사용했던 방법과 동일한 개념으로, 이론을 통한 교육보다는 이렇게 사진을 찍는 과정을 통해 원리를 발견하고 스튜디오 계획에 적용한다면 훨씬 효과적인 교육이 될 것이다.

[표 6-29] 스튜디오 패널에서 공간의 빼기 사례 (2)

사례 2 : 가림을 통한 공간빼기

Salt boutique Hotel
나만의 힐링도시...

Perspective-03

상하좌우 어디에 시선을 두어도 물이 보여 바다 가운데에서 식사를 하는 듯 한 느낌을 받으며 배에 타고 있는 느낌을 준다. ▌레스토랑

왼쪽 수직창의 형태가 수평으로 펼쳐지며 일부 공간은 가려지고 일부 공간은 노출되었다. 오른쪽 전면창은 주변의 모든 풍경을 흡수한다. 일부 보이는 풍경과 전체 노출된 풍경의 대비를 통해 같은 풍경이지만 색다른 느낌을 보여준다.

[표 6-30] 스튜디오 패널에서 공간의 빼기 사례 (3)

사례 3 : 구도를 통한 공간빼기

중정에 위치한 야외공연장이 주제가 되는 공간이고 로비는 부제가 되는 공간이다.
중간평가 때는 왼쪽의 그림처럼 부제가 되는 로비공간이 많이 보여 주제가 되는 야외공연장이 잘 인지되지 않는다.
최종평가 때는 오른쪽의 그림처럼 카메라를 가까이 근접시켜 로비공간을 많이 빼내어 야외공연장이 부각되도록 구도를 변경하였다.

[표 6-31, 32, 33]은 보여지는 사진 이미지만으로 공간의 설명이 부족할 때, 주변 공간을 더해 공간의 목적을 쉽게 인지하도록 수정한 스튜디오 사례이다. 중간평가 때 계획안은 한 부분만 표현되어 전체 공간 안에서의 다른 공간과의 연계성이 떨어져 이 공간이 어떤 공간이고, 어떻게 주변 공간과 연계되는지 용도가 분명하게 나타나 있지 않았다. 최종평가 때는 옆 공간에 다른 공간을 추가하여 전체 공간 안에서 이 공간의 성격을 확실하게 보여준다. 이것은 사진을 촬영하는 과정에서 공간의 일부를 제거하거나 추가하면서 공간의 특성과 의도를 명확하게 전달하는 방법을 찾은 경험이 도움이 된 것이다. 중간평가 때는 잘 인지하지 못했지만 피드백 과정을 거치면서 프레이밍의 원리를 이해하게 되었다.

[표 6-31] 스튜디오 패널에서 공간의 더하기 사례 (1)

사례 1

중간평가

최종평가

트램폴린
트램폴린에 농구대를 설치하여 점프를 즐기면서 높은 점프력을 이용한
역동적인 공간을 연출 하였다. 그 옆에 나무언덕에서 줄타기도 할수있다.

결과분석 위 공간은 어린이를 위한 복합 체육공간으로 트램펄린을 통한 놀이 겸 운동공간이다. 앞에는 미끄럼틀이 있고 옆에는 다락방이 있다. 미끄럼틀에서 내려와 트램펄린에서 점프 운동을 하기도 하고, 다락방에서 책을 읽거나 휴식을 취하기도 한다. 공간의 특성상 한 공간만 보여주는 것보다 연계된 공간을 함께 보여줌으로써 동선의 연결과 공간의 다목적 기능이 함께 설명이 되어진다.중간평가 때는 트램펄린 공간만 프레임에 담아 공간의 특성이 잘 부각되지 않았지만, 최종평가 때 카메라를 뒤로 후퇴하여 주변공간까지 프레임에 더해 공간의 연계성이 잘 설명된다. 한 공간만 보여지는 것보다 공간에 대한 이해를 쉽게 할 수 있다. 이렇게 공간을 계획한 후 공간의 더하기나 빼기를 통해 더 효과적인 표현방법을 결정하게 된다.

[표 6–32] 스튜디오 패널에서 공간의 더하기 사례 (2)

사례 2

중간평가

최종평가

결과분석

위 공간은 2층에 위치해 있지만 바닥이 오픈되어 그물망으로 되어 있다. 또한 그물망은 1층까지 연결되기 때문에 1층과 2층이 동시에 보여지는 것이 공간을 설명하는 데 더 효과적이다.

중간평가 때는 그물망이 있는 공간만 화면에 보이도록 배치하여 그물망만 있는 독립된 공간으로 읽힐 수 있다. 카메라의 위치도 그물망과 비슷한 높이에서 설정하여 공간이 좁고 답답하게 느껴진다.

최종평가 때는 카메라를 뒤로 후퇴하고 2층에서 1층이 보이도록 카메라 앵글을 조절하였다. 그물망에서 미끄럼틀과 연계된 공간과 1층과 2층의 공간이 연계되는 것이 화면에 같이 구성되어 시각이 확장되고 공간에 생동감이 생겨난다. 또한 카메라의 위치도 그물망보다 높게 설정하여 공간의 특성을 한눈에 파악할 수 있도록 하였다.

[표 6-33] 스튜디오 패널에서 공간의 더하기 사례 (3)

사례 3

중간평가	
최종평가	

결과분석	1층에 위치한 다락방 공간이다. 중간평가 때는 다락방만 화면에 담아 다락방의 기능을 강조하고 있다. 특히 카메라의 앵글을 정면에 설정하고 내부를 투시기법으로 보이도록 하여 시선을 다락방의 깊숙한 장소까지 유도하고 있다. 이러한 구도도 아주 좋은 구도지만 체육공간, 특히 복합 체육공간에서 옆 공간과의 연결이 더 중요하다고 생각하여 최종평가 때는 주변의 다른 공간들을 화면에 추가하여 나오도록 배치하였다. 하지만 다락방 공간이 상대적으로 작아져서 다락방 공간의 기능이 잘 읽혀지지 않는다. 이 경우 중간평가 때 설정했던 다락방의 프레임을 보조 뷰로 추가하여 함께 보여주는 것이 효과적이다.

프레이밍(구도)의 기초조형교육 과정과 교육의 효과를 정리하면 다음과 같다.

[그림 6-13] 프레이밍(구도)의 교육과정 프로세스

6.2.3 형태, 질감, 중첩을 적용한 기초조형교육

(1) 수업 과제의 결과

형태, 질감, 중첩은 일상공간에서 기초조형의 형태를 찾아내고, 형태나 질감의 중첩을 통해 새로운 조형요소를 발견하기 위한 프로그램이다. 세심한 관찰을 통한 시지각 능력 개발이 필요한 과정이다. 첫 번째 과제는 샤갈의 그림을 보고 가장 단순한 기초조형 형태로 추상화시켜 콜라주나 그림으로 표현하는 것이다. 그 과정에서 사물을 읽어 내는 관찰력이 향상된다. 두 번째 과제는 형태나 질감이 중첩되어 새로운 형태나 질감으로 지각되는 사물을 찾아내어 촬영하는 것이다. 이 과정을 반복하다 보면 형태를 단순화시키는 능력과 사물을 인지하는 시지각 능력이 향상된다.

수업 과제 : 1. 샤갈의 그림을 보고 기초조형 형태로 단순화시켜 콜라주나 그림으로 표현하기
　　　　　 2. 형태나 질감이 중첩되어 새로운 형태나 질감으로 지각되는 사물 찾아서 촬영하기

[표 6-34] 샤갈의 그림을 보고 기초조형 형태로 단순화시켜 콜라주나 그림으로 표현하기

사례 1	
사진	
결과 분석	형태, 질감, 중첩을 찾는 과정은 사물을 추상화시키는 방법을 학습하는 과정이다. 첫 번째 과제는 샤갈 그림을 단순화시키는 것이다. 사진을 통해 사물을 단순화시키는 방법은 어렵기 때문에 그림을 통해 먼저 단순화시키는 방법을 학습하였다. 학생들은 다양한 방법으로 샤갈의 그림을 해석하고 그 안에서 기본이 되는 조형적 요소들을 찾아내었다. 사진처럼 콜라주나 그림, 그래픽 등으로 본인이 느낀 조형의 이미지를 여러 가지 방법을 통해 표현하였다. 일종의 몽타주 기법으로 연상을 통한 이미지 형성 능력이 필요했는데 거의 모든 학생들이 요구되는 수준에 근접한 결과물을 보여주었다. 학생들은 아무런 사전지식이나 샘플 같은 정보가 없었으나 상상력을 발휘하여 과제를 진행하였고 사진처럼 비교적 추상화된 형태들을 찾아내고 만들어내었다. 색종이를 접어서 표현한 사례도 있었고 색연필로 도형을 그려서 표현한 사례도 있었다. 특이하게 픽셀을 이용하여 그림을 재해석하여 표현한 사례도 있었다. 이렇게 그림이나 콜라주로 형태를 단순화시키는 과정을 먼저 학습하게 되면 과제 2의 형태나 질감이 중첩되어 새롭게 지각되는 사물을 찾아 사진 촬영하는 것이 수월해진다.

[표 6-35] 형태나 질감이 중첩되어 새로운 형태나 질감으로 지각되는 사물 찾아서 촬영하기

사례 2	
사진	
결과 분석	두 번째 과제는 중첩된 사물들이 다른 형태나 질감으로 느껴지는 대상을 찾는 것이다. 학생들은 형태의 중첩은 주로 크기 변화에 따라 다르게 보이는 사물을 찾아냈고, 질감의 중첩은 물이나 유리, 혹은 대리석 등 반사나 투영이 되는 서로 다른 사물을 찾아 그 사물들이 서로 중첩되는 공간을 촬영하였다. 사진 ①은 거리에 따라 크기가 다르게 느껴지는 형태를 찾아 재질감이 다르게 보이도록 연출하였고, 사진 ②는 같은 형태가 거리에 따라 반복되며 다른 형태처럼 느껴지는 것을 촬영하였다. 사진 ③은 구슬의 오브제가 뒤의 배경과 중첩되며 비가 오는 듯한 느낌을 준다. 사진 ④는 투명한 우산을 통해 빗방울과 나무의 실루엣이 중첩되어 다른 재질감을 느끼게 한다. 사진 ⑤는 유리의 산란효과로 창밖의 불빛이 번지며 우주의 공간 같은 느낌을 연출한다. 사진 ⑥은 물에 비친 아스팔트의 재질이 다른 재질처럼 느껴지며, 사진 ⑦은 물 속에 있는 형태와 물 밖에 있는 형태가 반사를 통해 중첩되며 색다른 형태처럼 보여진다. 사진 ⑧은 물을 담은 페트병을 컴퓨터 모니터 앞에 놓았는데 바다 속 인어공주의 영상이 마치 진짜 물 속에 있는 것처럼 표현되었다.

(2) 기대효과

형태, 질감, 중첩을 찾아내는 과정은 첫 번째로 일상공간 안에서 가상 기초적인 조형의 형태를 찾는 것이었는데, 이해를 쉽게 하기 위하여 샤갈의 그림을 단순화시키는 연습을 먼저 진행하였다. 두 번째 과정은 공간을 추상화시킬 수 있는 방법을 찾아가는 것이다. 사진에서 공간을 추상화시키는 방법은 형태를 바라보는 시점을 달리 하거나 형태나 질감의 중첩을 통해 표현이 가능하다. 수업의 과제는 형태가 중첩되거나 다른 질감이 중첩되어 새로운 형태나 질감이 느껴지는 공간을 찾아 사진으로 촬영하는 과정이다. [그림 6-14]는 에칭이 들어있는 유리와 뒤에 있는 조명이나 사물이 중첩되어 사물을 왜곡시키고 있다. 기존 형태와는 다른 새로운 느낌으로 사물이 인지된다. 학생들은 이렇게 주변 환경에서 실제 사물을 단순화시키거나 형태나 질감의 중첩을 통해 물성의 변화와 질감의 다양한 변용 가능성을 알아가게 되었다. 이 과정을 학습하게 되면 [그림 6-15]처럼 실제 공간에서 피사체와 오브제를 중첩시켜 비 오는 풍경 같은 공간을 계획하고 연출하는 방법을 알게 되는 것이다. 위 과정을 통하여 학생들은 일상생활에서 형태나 사물을 추상화시키는 방법을 알게 되었고, 재료의 중첩을 통해 새로운 공간을 만드는 방법도 알게 되었다. 하지만 중첩의 경우

[그림 6-14] 수업 과제　　　　　[그림 6-15] 유리와 오브제의 중첩

사진을 통하여 형태나 질감이 중첩되는 장면을 찾아내는 방법은 학생들이 잘 인지하고 있었지만 그것을 공간에서 새롭게 응용하여 디자인하는 것을 어려워하는 학생들이 일부 있었다. 아래 사례는 스튜디오에서 형태, 질감, 중첩을 적용하여 디자인한 계획안이다.

[표 6-36] 스튜디오 패널에서 추상화된 공간 표현 사례 (1)

사례 1

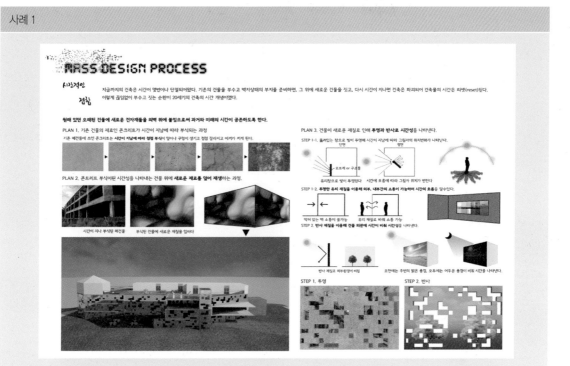

위 사례는 자연의 형태를 단순화시키는 과정에서 디지털 방식의 픽셀 개념을 도입한 것이다. 외부의 풍경을 단계적으로 추상화시켜 단순한 형태로 디자인하였다. 픽셀로 단순화된 자연의 형태에 구멍을 뚫어 내부의 풍경을 중첩하여 보여주는 공간을 계획하였다. 외부 벽의 재질은 금속으로 마감하여 반사가 일어나기도 하고 뚫린 구멍은 투과되어 새로운 시각적 풍경을 연출하였다. 이것은 형태와 중첩의 원리를 응용하여 디자인한 것인데, 이러한 계획방법은 헤르조그 & 데무론이 드 영 미술관(de Young Museum)에서 건물의 외관 디자인에 적용했던 사례를 학습하고 응용한 것이다.

[표 6-37] 스튜디오 패널에서 추상화된 공간 표현 사례 (2)

사례 2

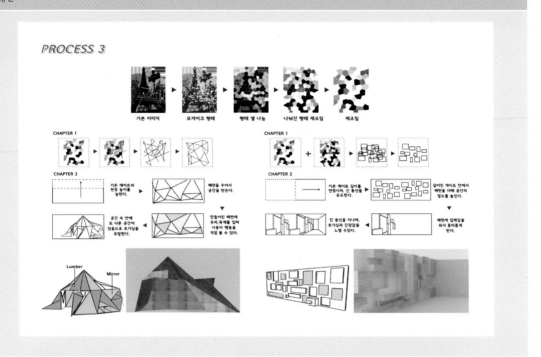

형태, 질감, 중첩의 교육과정에서 샤갈 그림을 추상화시키고 재배열하여 다시 단순화된 그림을 그렸던 과정과 동일한 디자인 프로세스를 적용하였다. 공간에 설치할 사진의 이미지를 가져와서 추상화시키고 단순화시켜서 재조립하였다. 이렇게 단순화된 형태는 벽에 패턴으로 디자인되었다.

[표 6-38] 스튜디오 패널에서 추상화된 공간 표현 사례 (3)

사례 3

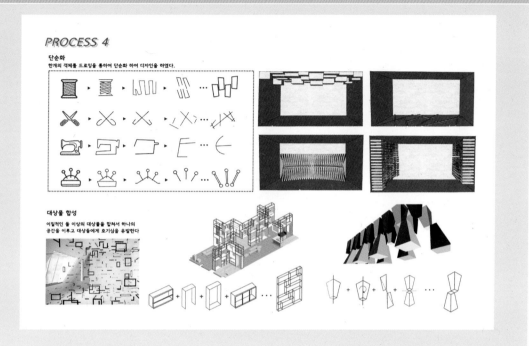

공간에 배치되는 가구들의 형태를 단순화시켜 디자인에 적용하였다. 앞의 사례와 마찬가지로 샤갈의 그림을 가장 기초적인 형태로 단순화시킨 학습과정이 효과적으로 적용된 것으로 보인다. 단순화된 가구들의 형태는 천장과 벽에 패턴으로 배치되었다. 이 질적인 재료들은 중첩되어 공간 안에서 새로운 느낌과 호기심을 연출한다.

[표 6-39] 스튜디오 패널에서 추상화된 공간 표현 사례 (4)

사례 4
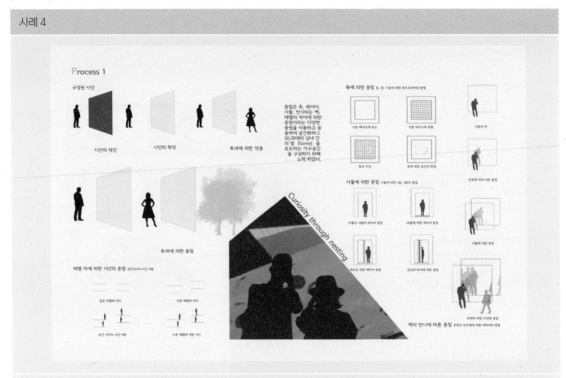

위 사례는 라이프 스타일 샵의 계획안인데, 사람과 사물의 겹쳐짐을 통한 중첩의 공간을 연출하였다. 반투명 유리에 중첩된 실루엣은 반투명 유리의 특성에 따라 형태가 단순하고 흐릿하게 보이게 되어 호기심을 유발한다. 사람과 조명의 위치에 따라 색다른 느낌의 공간을 연출한다.

형태, 질감, 중첩의 기초조형교육 과정과 교육의 효과를 정리하면 다음과 같다.

[그림 6-16] 형태, 질감, 중첩의 교육과정 프로세스

6.2.4 다중촬영 / 원근법을 적용한 기초조형교육

(1) 수업 과제의 결과

사진과 공간은 원근법을 느끼게 하는 장치가 있다. 선원근법, 공기원근법, 과장원근법은 거리감을 더욱 강조하기 위한 방법이다. 반면 압축원근법은 거리감이 단축되어 오히려 평면적인 느낌을 더욱 강조한다. 사진에서는 반영이나 다중촬영의 기법을 사용하여 착시적인 원근감을 연출할 수 있다. 이것은 공간에서도 동일한 원리를 적용하여 연출할 수 있는 방법이 된다. 이러한 다양한 원근법 이론을 사진으로 촬영하는 과정을 거치면서 기초조형 능력과 관찰력이 향상된다. 첫 번째 과제는 거리가 떨어져 있는 공간을 겹쳐서 사진 촬영을 하면 압축원근법으로 거리가 단축되어 보이는 장면을 촬영하는 것이다. 그리고 사진을 통하여 원근감을 느낄 수 있는 기법들, 과장원근법, 공기원근법, 선원근법이 느껴지는 대상을 찾아 사진으로 표현한다. 두 번째 과제는 한 공간을 설정하고 여섯 개 이상의 시점에서 촬영한 후 한 개의 장면으로 합치는 과정을 실습하는 것이다.

수업 과제 : 1. 압축, 공기, 과장, 선 원근법이 적용되는 공간을 찾아서 사진 촬영하기
     2. 6개 이상의 시점에서 한 공간을 촬영한 후 한 장의 사진으로 합쳐서 표현하기

사진은 시점의 변화를 통해 원근감을 표현할 수 있다.

[표 6-40] 압축원근법이 적용되는 공간을 찾아서 사진 촬영하기

사례 1	
사진	 
결과 분석	다중촬영, 원근법을 찾는 과정은 공간의 시점을 찾는 과정이다. 압축원근법은 수업을 진행하기 전까지 대부분의 학생들이 원리를 알지 못하였다. 수업의 예시와 강의를 통해 원리를 이해하게 되었고 사진 ①, ②처럼 압축원근법에 의해 실제 거리보다 가깝게 보이는 공간을 찾아서 촬영을 하였다. 사진 ①은 거리가 멀게 떨어진 두 개의 건물이 하나처럼 보이도록 촬영하였고, 사진 ②도 멀리 떨어진 건물과 가까이에 있는 조형물을 서로 가까이 근접해 있는 것처럼 촬영하였다. 이런 사진은 망원렌즈로 촬영하면 훨씬 효과적이다. 사진 찍는 과정에서 압축원근법의 원리를 보다 확실하게 이해하게 되었다.

[표 6-41] 공기원근법이 적용되는 공간을 찾아서 사진 촬영하기

사례 2	
사진	  
결과 분석	사진 ①, ②, ③은 공기원근법으로 표현한 사진인데 근경과 원경의 거리가 멀수록 원근감이 잘 표현되었다. 사진 ①은 가까이 위치한 가구와 멀리 있는 계단의 명암대비를 통해 원근감이 잘 표현되어 있다. 사진 ②는 근경의 어두운 나무가 테두리처럼 작용하며 중심의 밝은 원경을 멀리 보이도록 표현하고 있다. 사진 ③은 근경과 원경의 거리가 멀고 명암대비가 분명하여 더 깊이 있는 원근감이 느껴진다. 공기원근법은 평소에도 많이 사용하는 기법이기 때문에 학생들은 비교적 대상을 잘 찾아 촬영하였다.

[표 6-42] 과장원근법이 적용되는 공간을 찾아서 사진 촬영하기

사례 3	
사진	 
결과 분석	사진 ①, ②는 과장원근법으로 강조하고 싶은 부분이 크게 과장해서 보이도록 촬영한 것이다. 크기에 의해 원근감이 생겨난다. 과장원근법은 학생들이 평소에 잘 사용하지 않는 구도이고 광각렌즈가 아니면 표현이 쉽지 않다. 강조하고자 하는 사물에 최대한 가까이 다가가 촬영해야 한다.

[표 6-43] 선원근법이 적용되는 공간을 찾아서 사진 촬영하기

사례 4	
사진	  
결과 분석	사진 ①, ②, ③은 선원근법으로 가장 쉽게 원근감을 표현할 수 있는 방법이다. 선원근법이나 공기원근법은 비교적 익숙한 원근법인데 비해 과장원근법은 처음 접하는 학생들이 많아 수업에서 사례가 제시되었음에도 불구하고 과제를 어려워하는 학생들이 많았다.

[표 6-44] 다각원근법이 적용되는 공간을 찾아서 사진 촬영하기

사례 5	
사진	  
결과 분석	다각원근법은 다시점의 원리를 깨닫고 공간디자인에 적용하는 것이 학습 목표인데 사진 ①, ②처럼 다시점의 원리를 잘 이해하고 촬영된 사진들도 있었지만 사진 ③처럼 다시점을 파노라마로 이해하고 과제를 수행한 학생들도 적지 않았다. 이 경우 피드백을 통해 다시점의 원리를 다시 교육한다.

(2) 기대효과

원근법에 대한 사진촬영 과제는 공간에서 원근감을 느끼게 하는 방법을 스스로 찾아가는 과정이다. 이 과정을 통해 원근법에 대한 기초조형 능력을 향상하고 시점에 대한 관찰력, 이미지 연상능력을 향상시키게 된다. 선원근법, 과장원근법은 쉽게 이해하였으나 압축원근법은 과제를 수행하며 스스로 깨닫는 경우보다는 과제를 발표하고 피드백 과정을 거치며 학습의 목표가 완성되었다. 특히 다각원근법의 경우는 피드백 과정을 거친 후에도 이해하지 못하는 학생들이 있을 수 있기 때문에 반드시 추가 설명이 필요하다. 다시점의 원리와 공간에서 나타난 다시점의 사례를 보완 설명해야 한다. [그림 6-17]의 디자인 원리가 실제 디자인에 적용된 [그림 6-18]에서 나타나는 과정을 비교하여 설명한다. 다중촬영은 중첩의 개념과 유사하기 때문에 중첩의 개념을 함께 적용하여 과제를 진행하였고, 실제로 다중촬영과 중첩의 개념은 동시에 나타나거나 표현되는 경우가 많았다. [표 6-45, 46]은 다중촬영 기법을 적용한 스튜디오 계획안이다. 원근법을 디자인 원리로 하기보다는 중첩을 사용하여 시간적 거리감을 표현하는 사례가 많았다.

[그림 6-17] 수업 과제

[그림 6-18] 다각원근법 사례

다중촬영 / 원근법의 기초조형교육 과정과 교육의 효과를 정리하면 다음과 같다.

사진교육에서 다중촬영 / 원근법	공간디자인교육에서 다중촬영 / 원근법	설계 스튜디오에서 다중촬영 / 원근법
원근법의 원리	공간의 원근감 연출하기	공간의 시점 표현하기

과장, 대비에 의한 디자인 방법

[그림 6-19] 다중촬영 / 원근법의 교육과정 프로세스

[표 6-45] 스튜디오 패널에서 다중촬영 / 원근법 표현 사례 (1)

사례 1

다중촬영 기법을 활용한 전시공간 디자인 사례이다. 위안부 할머니를 위한 도서관 및 전시공간인데, 유리 육면체의 전시물에 위안부 할머니들의 모습과 일본 정치인의 모습을 중첩시켜 과거와 현재의 상황을 결합하여 공분을 이끌어내며 공간적, 시간적 거리를 압축된 메시지로 전달하고 있다.

[표 6-46] 스튜디오 패널에서 다중촬영 / 원근법 표현 사례 (2)

사례 2

캠핑장에서 아이들과 놀아주는 아빠의 모습이 캠핑장 사이에 설치된 유리를 통하여 투영되고 반영된다. 유리 너머 다른 사람들의 삶과 유리에 반영된 나의 삶의 모습이 함께 중첩되며 실제로는 떨어져 있는 두 개의 공간이 한 공간처럼 느껴지고 있다. 보는 시각에 따라서 심리적 거리는 가까워 보이고 물리적인 거리는 더 멀게 느껴질 수 있다.

6.2.5 실루엣을 적용한 기초조형교육

(1) 수업 과제의 결과

실루엣은 현실의 공간을 가상의 공간으로 표현하여 현실공간에서 표현하기 힘든 행위나 장면을 은유적으로 표현함으로써 극적인 공간연출을 표현할 수 있는 방법을 학습하는 과정이다. 이 과정을 통하여 상상하는 개념을 이미지로 표현할 수 있는 능력을 향상시킬 수 있다. 수업 과제는 그림자로 표현되는 실루엣과 조명으로 연출되는 실루엣 두 가지를 유형으로 제시하였다. 실제 공간에서 실루엣 효과를 연출하기 위해서는 다양한 실험과 경험이 필요하기 때문에 많은 연출시도를 통해 다양한 장면에 대한 이해와 조명에 대한 사전 지식이 요구된다.

수업 과제 : 1. 그림자로 표현되는 실루엣 촬영하기.
               2. 조명을 통해 표현되는 실루엣 촬영하기

사진은 실루엣을 통해 현실과 가상의 공간표현을 할 수 있다.

[표 6-47] 그림자로 표현되는 실루엣 촬영하기

사례 1	
사진	
결과 분석	실루엣은 현실의 모습을 조명을 통해 현실과 다르게 표현할 수 있어 상징적인 의미를 가진 모습으로 표현하는 것이 가능하다. 특히 사물들의 중첩을 통한 실루엣은 현실과 아주 다른 모습을 연출하기도 한다. 사진 사례는 그림자를 통한 실루엣 사진이다. 사진 ①은 빛의 위치에 따른 왜곡으로 실제 비율과 다른 모습으로 촬영되었다. 사진 ②, ③은 실제 현실의 대상과 그림자가 하나의 연결된 동작처럼 보이도록 촬영한 사진이다. 사진 ④는 겹쳐진 사물을 통해 그림자는 다른 형태로 보이도록 연출한 사진이다.

[표 6-48] 조명을 통해 표현되는 실루엣 촬영하기

사례 2	
사진	
결과 분석	조명을 통한 실루엣 연출은 피사체와 조명의 관계가 중요하다. 학생들은 다양한 공간과 조명을 통해 실루엣을 표현하였다. 사진 ①, ②, ③, ④는 조명을 통해 연출한 실루엣이다. 실루엣의 배경이 되는 벽의 종류에 따라 공간 연출의 느낌이 다양하게 나타났다. 배경이 단순하면 사진 ①, ②, ④처럼 실루엣이 강하게 강조되어 더 극적인 느낌이 들었고, 사진 ③처럼 복잡한 배경은 실루엣과 다른 공간으로 분리되어 배경의 형태나 질감에 따라 색다른 공간을 연출할 수 있다. 학생들은 실루엣 과제를 수행하며 빛과 피사체의 관계뿐만 아니라 배경이 되는 벽의 역할에 대해서도 과제를 발표하는 과정을 통해 어느 정도 인지하게 되었다. 특히 인물보다는 조형물을 실루엣으로 표현한 사진에서 배경에 대한 중요성을 더 확실히 인지하게 되었다. 사진 ③은 유리 프레임을 통해 마치 연극이나 영화의 한 장면 같은 극적인 장면이 더욱 강하게 표현되었다. 그리고 실루엣을 연출하는 과정에서 조명의 위치와 밝기에 따라 다양한 공간 연출이 가능하다는 사실도 학습하게 되었다.

[표 6-49] 그림자와 조명이 혼합되어 표현되는 실루엣 촬영하기

사례 3	
사진	
결과 분석	사진 ①, ②는 그림자와 조명이 혼합되어 표현이 되었는데, 사진 ①은 콘크리트 벽에 물고기 그림자를 연출하고 조명의 연출에 의해 페트병에 담은 물이 확산되어 콘크리트의 물성이 물결무늬의 패턴처럼 보여지도록 연출하였다. 사진 ②는 우연히 발견한 조명의 효과로 인해 그림자가 여러 개로 연출된 장면이 포착되었다.

(2) 기대효과

실루엣 과제를 통해 빛과 피사체의 관계에 따라 표현되는 공간 연출 기법을 학습하였다. 공간에서 인물이 포함되는 것은 중요하다. 인물이 없으면 공간의 질감이 부각되지만 공간에 인물이 추가되면 공간의 주체자인 사용자의 행위가 나타나기 때문이다. 또한 공간에서 사람이나 사물이 있는 그대로 보이는 느낌과 실루엣으로 보이는 느낌은 전혀 다르다. 현실 그대로의 모습은 사실적이며 생동감을 준다. 반면 실루엣으로 사람이나 사물을 표현하면 현실보다는 영화 같은 모습을 연출하여 조금 더 분위기 있는 장면을 연출할 수 있다.

[그림 6-20]처럼 실루엣과 그림자의 연출 기법을 학습한 학생들은 [그림 6-22]처럼 실제 공간에서 실루엣을 연출하는 방법을 확실하게 인지하게 되었다. [그림 6-21]은 컴퓨터 모니터에 있는 인어공주 영상 위에 물을 담은 페트병을 중첩시켜 마치 모니터에 있는 영상이 물 속에 있는 듯한 장면을 연출하여 과제로 제출한 학생작품인데, 2년 후 수업시간에 샘플사례로 제시하였다.

[그림 6-23]은 이 샘플사진을 보고 이 원리를 학습한 1학년 학생이 촬영한 실루엣

[그림 6-20] 수업 과제

[그림 6-21] 수업 과제

[그림 6-22] 공간에서 연출된 실루엣

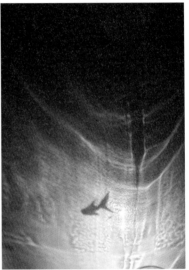

[그림 6-23] 수업 과제

사진 결과물이다. 페트병에 물을 담고 그것을 조명으로 콘크리트 벽에 비추어 콘크리트의 물성을 물결무늬처럼 보이도록 연출하고 물고기 형상의 오브제에 빛을 비추어 벽에 그림자가 생기도록 하여 마치 물고기가 물속을 부유하는 듯한 장면을 연출하였다. 이렇게 학생들은 다양한 실험과 관찰을 통하여 빛과 오브제의 위치에 따라 극적인 장면을 연출하는 방법을 스스로 학습하게 되었다.

스튜디오 설계에서는 공간디자인이 완성된 후 사람의 연출 방법에 따라 공간의 분위기는 확연히 달라지는 것을 디자인에 적용하였다. 생동감 있는 공간을 강조할 때는 사실적인 인물의 형상으로 공간을 연출하고, 다소 비현실적인 영화 같은 공간이나 공간의 질감 등 공간의 순수함을 강조할 때는 실루엣의 형상으로 공간을 연출하면 더욱 효과적이다. 시각기호로서 실루엣은 다양한 메시지를 전달한다. 공간의 용도에 따라 다양한 주제를 은유적으로 전달할 수 있다. 학생들은 실루엣 과제를 수행하기 위해 다양한 기획과 연출을 하며 개념을 이미지화하는 능력, 이미지를 통한 커뮤니케이션 능력, 창의적 사고력이 향상되었다.

[표 6–50] 스튜디오 패널에서 실루엣의 표현 사례 (1)

사례 1

역광의 원리를 이용하여 사람 뒤에 조명을 배치한 스튜디오 계획안이다. 이 공간은 메이크업을 하는 공간을 대기공간에서 바라본 장면이다. 밝은 조명으로 메이크업을 받고 있는 자신의 모습이 다른 사람에게 노출되는 것을 꺼려하는 사람들을 위한 배려로 조명을 사람 뒤에 배치하였다. 메이크업을 받는 사람은 실루엣으로 처리되어 대기공간에 있는 사람이 볼 때는 동작만이 인지된다. 실루엣으로 표현된 화장하는 사람들의 모습이 많은 상상력과 기대감을 갖게 한다. 인물 앞에 블라인드를 배치하여 일부만 실루엣으로 보이도록 하여 영화 같은 장면이 더욱 부각된다.

[표 6-51] 스튜디오 패널에서 실루엣의 표현 사례 (2)

사례 2

기존의 연습실은 거울을 통하여 '나'를 보며 연습하는 공간이었다.
하지만, 이러한 연습실에 불투명한 유리를 배치하면서 '나'뿐만 아닌 '타인'을 보면서까지
연습을 할 수 있도록 하였다.

연예인 지망생들을 위한 대안학교의 댄스 연습실을 디자인한 계획안이다. 가운데 반투명 스크린을 설치하고 벽쪽에서 스크린을 향해 스포트라이트를 비추면 그 사이의 인물은 실루엣으로 표현된다. 실루엣을 통해 다소 비현실적인 모습을 생성하여 어색한 모습을 반대편 사람에게 노출하지 않으면서 상대방의 춤 동작을 볼 수 있어 효과적인 춤 연습을 할 수 있는 공간을 연출하였다.

실루엣의 기초조형교육 과정과 교육의 효과를 정리하면 다음과 같다.

사진교육에서 실루엣	공간디자인교육에서 실루엣	설계 스튜디오에서 실루엣
빛과 그림자	극적인 장면 연출하기	현실과 가상공간 표현하기

은유에 의한 디자인 방법

[그림 6-24] 실루엣의 교육과정 프로세스

[표 6-51] 스튜디오 패널에서 실루엣의 표현 사례 (3)

사례 3

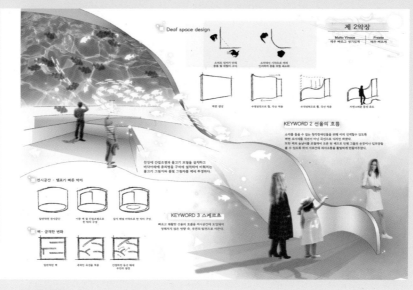

이 사례는 앞에 예시한 [그림 6-23]의 물고기 실루엣 과제를 1학년 때 수행했던 학생이 3학년이 되어 스튜디오 설계에서 실제 디자인에 적용한 사례이다. 청각 장애인을 위한 음악관 안에 빛에 의해 만들어지는 전시공간을 계획하였다. 천장에 간접조명과 물고기 모빌을 설치하고 물을 채운 유리병을 넣어 조명을 통해 물이 확산되어 물속 같은 공간을 연출하였다. 여기에 빛을 받은 물고기 모빌은 실루엣으로 천장에 표현되어 마치 물속을 헤엄치는 듯한 장면이 연출되었다.

6.3
사진으로 글쓰기 ————————

6.3.1 포토몽타주를 적용한 기초조형교육

(1) 수업 과제의 결과

포토몽타주는 사진의 기법을 이용한 프로그램으로, 창의적인 사고력을 통해 개념 전달의 목적을 가지고 상상하는 개념을 이미지로 표현하는 능력 향상에 목표를 두었다. 과제는 사진이미지를 잘라 붙여 이미지를 만드는 방법과 컴퓨터 그래픽을 이용한 합성사진의 두 가지 방법으로 진행하였다. 포토몽타주를 처음 접하는 학생들을 위해 주제는 공간보다는 좀 더 접근하고 표현하기 쉬운 '음악 행위를 하는 사람'으로 제시하였다. 아직 포토샵을 통한 표현이 어려운 학생들을 고려하여 두 가지 방법 중 하나를 선택하도록 하였다.

수업 과제 : 1. 사진이미지를 잘라 붙여 포토몽타주 만들기
　　　　　 2. 컴퓨터 그래픽을 활용하여 합성사진으로 표현된 포토몽타주 만들기

사진은 포토몽타주를 통해 상상하는 개념을 이미지로 표현할 수 있다.

[표 6–53] 사진이미지를 잘라 붙여 포토몽타주 만들기

사례 1	
사진	     
결과 분석	포토몽타주는 시간과 공간이 다른 사진을 합성하여 시공간이 다른 공간을 한 장의 사진으로 재현할 수 있다. 현실처럼 재현된 사진이지만 현실의 공간은 아니다. 수업의 대상은 1학년 학생들이므로 컴퓨터 그래픽 툴에 익숙한 학생을 제외하고 대부분 사진 이미지를 잘라 붙이는 방법으로 과제를 수행하였다. 사진 ①은 사람의 다리 부분을 선풍기의 날개로 표현하여 빠른 리듬감을 표현하고 있고, 사진 ②는 'DANCE'라는 글씨로 춤추는 사람을 표현하였다. 사진 ③은 톱니바퀴의 이미지를 통해 규칙적인 리듬감을 표현하고 있다. 사진 ④는 전깃줄을 악보처럼 생각하고 춤추는 농악인을 음표처럼 전깃줄 위에 표현하였다. 사진 ⑤는 칸딘스키의 그림 위에 연주하는 사람의 손을 넣었고, 사진 ⑥은 중첩을 통해 음악적 요소들을 입체감있게 표현하였다.

[표 6–54] 컴퓨터 그래픽을 활용하여 합성사진으로 표현된 포토몽타주 만들기

사례 2	
사진	
결과 분석	춤이나 사물놀이 등 음악적 행위를 모티브로 이미지를 만든 작품들과 다소 생소한 사물들에서 느껴지는 음악적 모티브를 이미지로 만든 작품들이 많았고 글자나 음악적 기호들을 사용한 작품들도 있었다. 컴퓨터의 특성상 합성을 위한 사진 자료를 쉽게 구할 수 있었고 표현의 수단 또한 다양한 방법이 가능하여 사진을 잘라 붙여 과제를 수행한 학생들에 비해 더 수준 높고 상상력이 풍부한 결과물이 많았다. 결과물 대부분은 은유적인 방법을 통해 상징적 특성이 잘 나타나 있다. 사진 ①은 여러 악기를 혼합하여 노래 부르는 사람 같은 형상을 만들어내었고 배경 또한 스포트라이트로 처리하여 주제가 더욱 돋보이도록 하였다. 사진 ②는 여러 개의 랜 선에 신발을 입혀 춤추는 탭 댄서의 이미지를 상징적으로 표현하고 있다. 사진 ③은 아름다움의 이미지를 가진 꽃을 치마로 표현하여 춤추는 무희를 상징하여 표현하였다. 사진 ④는 손과 발을 여러 개 중첩시켜 움직임을 강조하였고 흩어지는 파편들이 음악이 증폭되고 확장되는 듯한 느낌을 전달한다. 사진 ⑤는 독재자와 음식을 연결하여 '탐욕'이라는 의미가 떠오르기도 한다. 배경 또한 동심원의 반복을 통해 음악적 리듬과 역동성을 표현하고 있다.

(2) 기대효과

이 과정은 시간과 공간이 다른 여러 사진을 한 장에 오려 붙여 전하고자 하는 의미를 혼합된 공간개념으로 표현하기 위한 것이다. 형태, 질감, 중첩의 프로그램에서 콜라주 기법을 한 번 접해 본 학생들은 포토몽타주를 통하여 본인의 생각이나 개념을 이미지로 표현하는 과제를 큰 어려움 없이 수행하는 모습을 볼 수 있었다.

[그림 6-25]의 과제 결과물을 보면 서로 다른 장소에서 찍은 사진과 그림을 혼합하여 포토몽타주 과제를 수행했는데, 중첩의 효과를 적용하여 입체적으로 보이도록 만들었다. [그림 6-26]은 포토몽타주기법을 적용한 인테리어 매장의 실제 시공 사례인데, 학생들은 이 과정을 진행하며 이러한 포토몽타주기법이 실제로 공간에 활용될 수 있다는 것을 알게 되었고, 포토몽타주를 제작하는 방법을 학습하게 되었다. 수업과정이 1학년이므로 포토샵 등 그래픽의 사용보다는 손으로 오려 붙이는 방법이 훨씬 효과적이었다. 그리고 일부 학생 중 은유적 표현에 대한 어려움을 느끼는 경우가 있었다. 이 과정에서는 본인이 전달하고자 하는 개념을 이미지로 표현하는 능력과 창의적인 사고력이 많이 향상되었다.

스튜디오 사례에서는 주로 표지디자인이나 중간에 콘셉트를 설명하는 패널에서 포토몽타주를 많이 사용하는 것을 볼 수 있었다. 표지나 콘셉트 패널의 경우는 여러 공간과 시간을 혼합하여 한 장의 패널로 표현해야 하기 때문에 이 방법이 유용한 것으로 나타났다.

[그림 6-25] 수업 과제

[그림 6-26] 포토몽타주로 표현한 건축 공간

[표 6-55] 스튜디오 패널에서 포토몽타주 표현 사례 (1)

사례 1

대안학교를 주제로 한 스튜디오 계획안인데 책이 모여 뿌리처럼 자라면 나무가 된다는 내용을 은유적으로 표현한 포토몽타주 기법이다. 책과 나무를 합성하여 지식이 자라는 학교라는 개념을 잘 표현하였다.
중간에 콘셉트를 설명하기 위한 패널로 제작하였다.

[표 6-56] 스튜디오 패널에서 포토몽타주 표현 사례 (2)

사례 2

남미 우유니의 소금호텔에서 느낄 수 있는 반영의 개념을 모티브로 한 부티크 호텔 계획안 표지를 포토몽타주로 만들었다. 이 계획안은 소래포구 염전 위에 우유니의 소금호텔처럼 바다 위에 부유하는 느낌으로 디자인한 계획안을 상징적으로 보여주고 있다. 우유니의 바다와 국내의 바다, 두 공간을 혼합하여 소래포구 바다 위에 우유니의 소금호텔 같은 이미지를 추가하여 이 공간에서 보여주고자 하는 개념을 한 장의 사진으로 잘 설명하고 있다.

[표 6-57] 스튜디오 패널에서 포토몽타주 표현 사례 (3)

[표 6-57] 스튜디오 패널에서 포토몽타주 표현 사례 (3)

사례 3

Give your children the city
아이에게 도시를 주다

아이들을 위한 홈스쿨을 주제로 한 스튜디오 작품 표지이다. 그림과 사진을 합성한 포토몽타주로 사다리를 타고 전구를 잡으려는 아이는 밝은 미래를 암시하는 은유적 표현으로 볼 수 있다.

포토몽타주의 기초조형교육 과정과 교육의 효과를 정리하면 다음과 같다.

은유에 의한 디자인 방법

[그림 6-27] 포토몽타주의 교육과정 프로세스

6.3.2 포트폴리오를 적용한 기초조형교육

(1) 수업 과제의 결과

포트폴리오는 상황을 설정하고 이야기를 만들어가는 과정에서 유추, 추론 능력을 향상시키는 프로그램이다. 주제는 '자유테마'로 하여 기존 촬영된 사진으로 이야기를 구성하는 방법과 스토리를 만들고 스토리에 맞추어 사진을 촬영하는 두 가지 방법으로 제시하였다.

수업 과제 : 1. 기존에 찍은 사진으로 스토리 만들기
2. 스토리를 만들고 사진 촬영하기

[표 6-58] 기존에 찍은 사진으로 스토리 만들기

<table>
<tr><th colspan="2">사례 1</th></tr>
<tr><td>사진</td><td>

</td></tr>
<tr><td>결과
분석</td><td>포트폴리오는 이야기를 만드는 과정을 통해 공간디자인의 프로세스를 학습하기 위한 과정이다. 과제는 기존에 서로 다른 시간과 공간에서 찍은 사진들을 재배열하면서 연관성을 찾고 이야기를 만들어 표현하는 것이다.
사진 ①, ②는 기존에 찍은 사진으로 스토리를 만든 결과물이다. 다른 시간과 장소에서 찍은 사진들을 배열해서 만들었다. 중간에 이야기의 효율적인 전개를 위해 그림이미지를 삽입하였다.
사진 ①은 한 소년이 바다를 동경해서 그림을 그리다 결국 바다를 찾아간다는 이야기를 사진의 재배열을 통해 만들었다.
사진 ②는 여행의 순서대로 이야기를 구성해서 배열하였다.
비록 결과물은 앞 · 뒤의 관계가 어색하고 내용의 연결이 부드럽지 않지만, 기존의 자료를 이용해 이야기를 만드는 과정을 통해 프로세스의 기본과정을 익히게 되었다.</td></tr>
</table>

[표 6-59] 스토리를 만들고 사진 촬영하기

사례 2	
사진	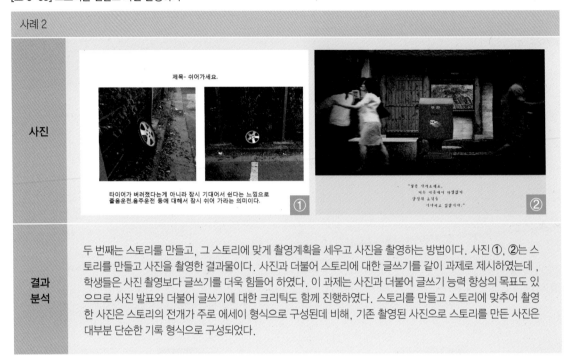
결과 분석	두 번째는 스토리를 만들고, 그 스토리에 맞게 촬영계획을 세우고 사진을 촬영하는 방법이다. 사진 ①, ②는 스토리를 만들고 사진을 촬영한 결과물이다. 사진과 더불어 스토리에 대한 글쓰기를 같이 과제로 제시하였는데, 학생들은 사진 촬영보다 글쓰기를 더욱 힘들어 하였다. 이 과제는 사진과 더불어 글쓰기 능력 향상의 목표도 있으므로 사진 발표와 더불어 글쓰기에 대한 크리틱도 함께 진행하였다. 스토리를 만들고 스토리에 맞추어 촬영한 사진은 스토리의 전개가 주로 에세이 형식으로 구성된데 비해, 기존 촬영된 사진으로 스토리를 만든 사진은 대부분 단순한 기록 형식으로 구성되었다.

(2) 기대효과

포트폴리오를 만드는 과정은 기존에 촬영된 사진을 보고 이야기를 만들거나 이야기를 만든 후 사진을 촬영하는 과정으로 진행하였다. 공간 연출에서 스토리의 전개는 현대사회에서 가장 중요한 요소 중의 하나로 인식하고 있다. 사진을 통하여 이야기를 구성하고 글을 쓰는 과정은 창의적인 사고를 통해 사진의 전·후 상황에 대한 상징적 유추, 추론 능력을 향상시킨다. 이 프로그램에서 제시된 학생들의 결과물은 지금까지 익숙하지 않았던 학습과정이었기 때문에 사진과 글을 매치시키는 부분에서 사진과 스토리의 전개가 다소 어색한 부분들이 많이 보였다. 사진을 찍고 그 사진에 제목을 붙이거나 이야기를 만드는 과정은 사진에서 보이는 장면 외에 여러 사건들을 유추하고 추론하게 된다.

[그림 6-28]은 밤하늘에 원처럼 둘러싸인 은하수 아래 실루엣으로 촬영된 연인의 사진이다. 한없이 펼쳐진 우주를 배경으로 두 연인이 주인공처럼 서 있는 장면이

[그림 6-28]

[그림 6-29]

인상적이다. [그림 6-29]는 서울에 위치한 한 예식장의 사진이다. 천장을 둥글게 하고 조명을 은하수처럼 보이도록 하여 신랑, 신부가 마치 우주 한가운데 서 있는 것처럼 느껴지도록 디자인한 것으로 보인다. 조명 연출에 따라 신랑, 신부는 [그림 6-28]처럼 실루엣으로 보여지기도 하면서 마치 영화 같은 장면이 연출되기도 한다. 이 예식장은 [그림 6-28]과 같은 장면을 상상하며 [그림 6-29]의 공간을 디자인한 것으로 추측해 볼 수 있다. 이렇게 포트폴리오는 사진을 통한 유추, 추론을 통해 디자인 과정을 만들어 가기도 한다. 이런 학습훈련과 피드백을 통해 공간에 이야기를 만드는 방법을 알게 되고 공간디자인에 적용할 수 있게 된다. 공간의 주제에 맞게 스토리를 설정하고 그 스토리에 적합한 사진들을 찾아내고 배열하는 과정에서 포트폴리오 프로그램을 학습할 수 있었다. 서로 연관 없어 보이는 사진들이 새로운 배열을 통해 주제를 설명하는 스토리를 형성한다. 주로 프로세스 과정에서 공간의 이야기를 설명하기 위한 도구로 사용되었다.

[표 6-60] 스튜디오 패널에서 포트폴리오 표현 사례 (1)

사례 1

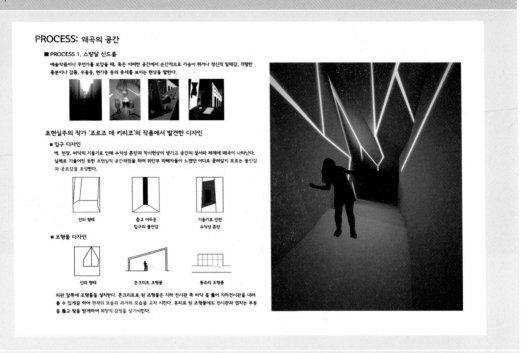

이 계획안은 건물의 입구 부분으로, 진입 시 시각적 혼란을 주기 위한 디자인 방법으로 스탕달 신드롬[1]을 표현한 프로세스 패널이다. 위안부를 위한 공간으로 역사는 왜곡되어 있다는 것을 설명하기 위해 키리코의 그림과 홀로코스트 기념물의 사진 조합을 통해 어지럽고, 혼란한 공간의 이야기를 시작한다.

---

[1] 스탕달 신드롬: 뛰어난 예술작품을 보고 순간적으로 느끼는 정신적 충동이나 흥분상태에 빠지거나 호흡관란 등 이상증세를 보이는 체험현상

[표 6-61] 스튜디오 패널에서 포트폴리오 표현 사례 (2)

사례 2

나무가 점점 단순화되어 픽셀화되는 단계를 설명하기 위해 나무 전체 사진에서 세부 디테일 사진으로 확대되며 이동하는 이야기를 여러 장의 사진을 통해 프로세스 과정에서 설명하고 있다.

포트폴리오의 기초조형교육 과정과 교육의 효과를 정리하면 다음과 같다.

[그림 6-30] 포트폴리오의 교육과정 프로세스

1. 김성민, 누구나 쉽게 이해하는 사진강의 노트, 소울메이트, 2012.

2. 김성민, 원하는 사진을 어떻게 찍는가?, 소울메이트, 2015.

3. 김용훈, 사진의 미학, 일진사, 2010.

4. 김주원, DSLR 사진강의, 한빛미디어, 2011.

5. 김춘일, 박남희, 조형의 기초와 분석, 미진사, 1991.

6. 김홍기, 건축조형 디자인론, 기문당, 2007.

7. 데이비드 두쉬민, 홍성희 옮김, 사진가의 작업노트 2, 정보문화사, 2016.

8. 데이비드 라우어, 이대일 옮김, 조형의 원리, 미진사, 1993.

9. 롤랑바르트, 김웅권 옮김, 밝은 방, 동문선, 2006.

10. 루돌프 아른하임, 시각적 사고, 이화여자대학교출판부, 2004.

11. 마르틴 졸리, 김동윤 옮김, 영상이미지 읽기, 문예출판사, 1999.

12. 발터 벤야민, 최성만, 김유동 옮김, 독일 비애극의 원천, 한길사, 2009.

13. 발터 벤야민, 최성만 옮김, 기술복제 시대의 예술작품: 사진의 작은 역사, 길, 2009.

14. 베아트라츠 콜로미나, 강미선 외 3인 옮김, 섹슈얼리티와 공간, 동녘, 2005.

15. 보먼트 뉴홀, 정진국 옮김, 사진의 역사, 열화당, 1987.

16. 백종수, 구도이야기, 에이스엠이, 2009.

17. 승효상, 건축, 사유의 기호: 승효상이 만난 20세기 불멸의 건축물, 돌베개, 2009.

18. 신성영, 건축디자인론, 구미서관, 2013.

19. 아드리안 슐츠, 김문호 옮김, 건축보다 빛나는 건축사진찍기, 효형출판, 2011.

20. 유현준, 모더니즘, 미세움, 2008.

21. 이광수, 사진 인문학, 알렙, 2015.

22. 장용순, 현대건축의 철학적 모험: 은유와 생성, 열린책들, 2010.

23. 정경열, 감성과 논리력을 키워주는 사진교육 PIE, 웅진리빙하우스, 2009.

24. 정승익, 사진구도, 한빛미디어, 2013.

25. 정한조, 사진 감상의 길잡이, 시공사, 2000.

26. 조열, 김지현, 기초디자인을 위한 형태지각과 구성원리, 창지사, 1999.

27. 존커티지 외 1인, 실내건축의 역사, 시공아트, 2005.

28. 진동선, 사진 기호학, 푸른세상, 2015.

29. 칸딘스키, 권영필 옮김, 점, 선, 면, 열화당, 1993.

30. 프랭크 R. 치섬 외 2인, 오병권 옮김, 디자인의 개념과 응용, 이화여자대학교출판부, 1994.

31. 최건수, 사진, 새로운 눈, 비엠케이, 2014.

32. 함정도, 손유찬, 공간디자인과 조형연습, 기문당, 2003.

33. 히라오 카즈히로, 이상호, 최희원 옮김, 건축디자인 발상법, 기문당, 2011.

34. B. 클라이트, 오근재 옮김, 인간의 시각과 조형의 발견, 미진사, 1996.

35. Paul D. Eggen, Donald P. Kauchak, 임청환, 권성기 옮김, 교사를 위한 수업 전략, 시그마프레스, 2006.

36. 김정민, 김영철, 「사진의 교육적 역량 탐색: 벤야민의 관점에서」, 교육인류학연구, 12권 2호, 2009.

37. 김지영, 「디지털시대 사진쓰기의 의미」, 한국콘텐츠학회, 4권, 2012.

38. 김진경, 「개혁운동 속의 바우하우스」, 한국디자인학회 학술발표대회논문집, No.10, 2005.

39. 박진배, 이수영, 조종현, 「실내공간의 기호학적 공간분석에 관한 연구」, 한국실내디자인학회논문집, 16호, 1998.

40. 전희성, 김문덕, 「PIE를 활용한 창의적 공간디자인 교육에 관한 연구」, 기초조형학회논문집, 17권 1호, 2016.

41. 이경률, 「으젠 앗제 사진에 나타난 기록과 창작의 딜레마」, 프랑스문화예술연구, 제18집, 2006.

42. 하상오, 「BAUHAUS의 조형교육방법에 관한 연구」, 디자인학연구회, Vol.14, 1996.

43. 김용승, 자기주도적 사진을 활용한 학습흥미도 연구, 서울교육대학교 석사학위논문, 2012.

44. 이성은, PIE를 통한 창의성 향상 방안 연구, 대구교육대학교 석사학위논문, 2013.

45. 조부경, 바우하우스의 기초교육과 국내 디자인대학의 기초교육에 관한 연구, 경남대학교 석사학위논문, 2006.

46. 전영훈, 미스 반 데어 로에 근대건축기술론, 서울대학교 박사학위논문, 2004.

47. 정찬경, 기초조형교육을 위한 사진의 활용방안, 경북대학교 석사학위논문, 2007.

48. 최덕신, 근대건축에 나타나는 사진적 시각에 관한 연구, 서울대학교 석사학위논문, 1997.

49. Droste, Magdalena, Bauhaus 1919-1933, Benedikt Tasch en, 1990.

50. Fiedler, Jeannine, Bauhaus, Konemann, 2000.

51. Richard D. Zakia, Perception and Imaging, Elsevier, 2007.

52. S. Giedion, Space, time and architecture, Harvard University Press, 1967.

http://www.iclickart.co.kr.

http://www.gettyimagesbank.com.

http://pixabay.com.

http://flickr.com

http://www.shutterstock.com

ㄱ

가상의 공간　246

가상의 선　136

가상적 실재　68

가상적 현실　33

건축사진　30

게슈탈트 전환　69

고스트 현상　101

공간디자인　13, 43

공간디자인의 기초조형 요소　43

공간의 경계　220

공간의 경계와 패턴　141, 218

공간의 선택　231

공간의 성질　137, 213, 214

공간의 시점　243

공간의 질서　133, 213

공간의 확장　220

공간적 장력　133

공감각　102

공기원근법　48, 75, 77, 78, 150, 152, 181, 239, 240

과장원근법　48, 150, 152, 181, 239, 241

광막 반사　104

구도　46

그라츠(Graz) 중앙역 외부 광장　116

근경　75, 77, 78, 86, 151

글레어 효과　104

기초디자인　43

기초조형교육　34

기하학적 형태　46

꿈마루　77

ㄴ

난반사　104

ㄷ

다각원근법　48, 152, 181, 242

다중노출 41, 50

다중촬영 82, 150, 169, 181, 239

다중촬영 / 원근법 150, 165, 181, 239

다중촬영 / 원근법의 교육과정 프로세스 243

데사우 시기 37

데스 크롤리 27

동시성 85, 87

들뢰즈 68

디자인 발상 13

ㄹ

라즐로 모홀리 나기 27, 37, 39, 40, 50

로우 앵글 39, 57, 93, 151

로우키 53

로우키(low key) 사진 52

Roger 주택 110

루돌프 아른하임 124

루이스 칸 78

루이 자크 망데 다게르 24

르네 마그리트 69

르 코르뷔지에 76, 85, 224

리콜라 유럽공장 104

ㅁ

마르세이유 아파트 옥상유치원 106

마리나 베이샌즈 호텔 89

만드는 사진 33, 161

면의 교육과정 프로세스 220

명도(빛) 45

명암대비법 80

모험정신 70

물리적 원근 54

물의 교회 92

뮤지엄 산 92, 95

미스 반 데어 로에 87, 98, 110

미적 지각 49

ㅂ

바르셀로나 파빌리언 87, 98, 110, 195

바실리 칸딘스키 37, 43

바우하우스 35

바이마르 시기 36

바젤 전시장 116

반영 181

발터 그로피우스 36

발터 벤야민 39, 67

방글라데시의 국회의사당 78

베두타 23

베를린 다다이스트 27

베를린 시기 38

브리온 베가 가족묘지 82

비주얼 리터러시(visual literacy) 65

빌라 사보아 85, 224

ㅅ

사광 101

사선 205

사실주의 23

사전 시각화 130

사진으로 글쓰기 158, 165, 169, 185,
　254

사진의 각도, 방향 57

사진의 등장 23

사진의 역할 65

사진의 용도 21

사진의 조형성 50

사진 읽기 122, 165, 169, 171, 193

사진적 시각 15, 25, 41, 93, 124, 127,
　165, 169, 171, 193, 194, 198, 199

사진적 시각의 교육과정 프로세스
　199

사진 찍기 128, 130, 165, 169, 172, 199

사찰 입구의 계단 103

3단 중첩 91

상상력 70

샤갈의 그림 180, 231

선원근법 48, 150, 152, 181, 239

선의 교육과정 프로세스 214

성 베드로 대성전 103

솔라리제이션 50

쇼단 주택사진 81

수평선 204

스탕달 신드롬 264

스토리텔링 기법 49

시각적 가시성 131, 202

시각적 사고 66

시각적 의사소통 66

시각적 질서 133, 208, 210, 211, 212

시각적 학습 66

시공간 106

시노그래피 107

시노그래피적인 효과 106

시뮬라크르(simulacre) 68

실루엣 106, 153, 165, 169, 183, 246

실루엣(톤의 대비) 153

실루엣의 교육과정 프로세스 252

실업학교 99

실재 68

실제 68

심리적 원근 55

안도 다다오 92, 95

안드레아스 파이닝거 25

알레고리(allegory) 67

압축원근법 110, 150, 239

에드워드 머이브릿지 26

에베르스발데 99

LTP 121, 169

요제프 알베르스 37

요하네스 이텐 37

원경 75, 77, 78, 86, 151

원근감 54

원근법 48, 169

웬디 이왈드 121

윌리엄 헨리 폭스 탤벗 24
유기적인 형태 46
으젠느 앗제 25
이폴리트 바야르 27

ㅈ

재료의 중첩 146
점, 선, 면 43, 50, 131, 165, 169, 172, 199
점의 교육과정 프로세스 213
조세프 니세포르 니에프스 24
중경 72, 86
중첩 58, 96
지그프리드 기디온 85
질감 47

ㅊ

초현실주의 사진 28
추상화된 공간 238

ㅋ

카를로 스카르파 82
카메라 옵스큐라 24
카이사 포럼 99
콜라주 49, 159
클라르테 아파트 76
클로즈업 39, 54

ㅌ

토마스 루프 98
톤 52

ㅍ

파울 클레 38
파펜홀츠 스포츠 센터 99
판테온 116
패턴 220
팬 포커싱 86
포토그램 41, 50
포토몽타주 27, 41, 50, 55, 110, 150, 159, 165, 169, 185, 254
포토몽타주의 교육과정 프로세스 260
포트폴리오 56, 112, 161, 165, 169, 187
포트폴리오의 교육과정 프로세스 265
프라다 박물관 30
프레스코(fresco) 29
프레이밍(구도) 53, 141, 165, 169, 177, 221
프레이밍(구도)의 교육과정 프로세스 231
플레어 현상 101, 197
피사체 54
PIE 121

ㅎ

하시모토 유키오　108

하이 앵글　39, 57, 93, 198

하이키　53

하이키(high key) 사진　52

헤르조그 & 데뮤론　98, 102, 19 7

현실과 가상공간　252

형(형태)　54

형태　46

형태, 질감, 중첩　145, 165, 169, 179, 231

형태, 질감, 중첩의 교육과정 프로세스　238

형태의 중첩　146

혼합된 공간재현　260

환유　67

휴 페리스　78

사진기법을 적용한
공간디자인의 기초조형교육

2018. 8. 23. 초 판 1쇄 인쇄
2018. 8. 30. 초 판 1쇄 발행

지은이 | 전희성
펴낸이 | 이종춘
펴낸곳 | BM 주식회사 성안당
주소 | 04032 서울시 마포구 양화로 127 첨단빌딩 5층(출판기획 R&D 센터)
　　　 10881 경기도 파주시 문발로 112 출판문화정보산업단지(제작 및 물류)
전화 | 02) 3142-0036
　　　 031) 950-6300
팩스 | 031) 955-0510
등록 | 1973. 2. 1. 제406-2005-000046호
출판사 홈페이지 | **www.cyber.co.kr**
ISBN | 978-89-315-6388-7 (93540)
정가 | 28,000원

이 책을 만든 사람들
책임 | 최옥현
진행 | 이희영
교정·교열 | 이후영
본문·표지 디자인 | 유선영
홍보 | 박연주
국제부 | 이선민, 조혜란, 김해영
마케팅 | 구본철, 차정욱, 나진호, 이동후, 강호묵
제작 | 김유석